以畜牧养殖应对气候变化

——全球温室气体排放评估与减排

联合国粮食及农业组织　编著

朱　聪　译

中国农业出版社
联合国粮食及农业组织
2018·北京

图书在版编目（CIP）数据

以畜牧养殖应对气候变化：全球温室气体排放评估
与减排／联合国粮食及农业组织编著；朱聪译．—北
京：中国农业出版社，2018.8
ISBN 978-7-109-23807-7

Ⅰ．①以… Ⅱ．①联… ②朱… Ⅲ．①气候变化-影
响 畜牧业 研究②温室效应 有害气体-大气扩散-研
究 Ⅳ．①P467②F326.3③X511

中国版本图书馆CIP数据核字（2017）第327771号

著作权合同登记号：图字01-2018-0303号

中国农业出版社出版
（北京市朝阳区麦子店街18号楼）
（邮政编码 100125）
责任编辑 郑 君

北京通州皇家印刷厂印刷 新华书店北京发行所发行
2018年8月第1版 2018年8月北京第1次印刷

开本：700mm×1000mm 1/16 印张：9
字数：180千字
定价：69.00元
（凡本版图书出现印刷、装订错误，请向出版社发行部调换）

08—CPP16/17

ISBN 978-92-5-107920-1（粮农组织）
ISBN 978-7-109-23807-7（中国农业出版社）

联合国粮食及农业组织（FAO）中文出版计划丛书译审委员会

本书译审名单

前　言

我们很容易勾勒出一幅当今世界的戏剧性画面。气候变化作为人类需要面对的最严峻的环境挑战，正对我们下一代的福利产生威胁。全球化带来的经济、社会和技术上的快速变化使得许多问题被忽略。饥饿仍然是一个影响全世界9亿人口的长期问题。面对这些问题，我们有时会被它们的强大及希望的渺茫所笼罩。

但是，我们不必绝望。如果我们采取正确的政策来支持必要的创新和投资，问题能够得到有效解决。

多年前我们就已经发现畜牧业供应链是推动气候变化的重要因素。这份新的报告显示，显著减少排放的潜力是真实存在并且能够实现的。这些减排措施适合所有物种、模式和地区，但这需要政治意愿和更好的政策来推动。

本报告提供了当前所急需的数据，为我们行动的展开提供依据。利用这些按照物种、农业生态区域、地区和生产模式的分类数据，本报告向我们展示了一幅基于实证的排放图景。本报告提供的广泛信息和两份补充性的技术报告[①]充分体现了畜牧业丰富的多样性。

详细了解排放的规模、来源和途径对于为政策对话提供信息和避免过度简化至关重要。它将帮助我们对畜牧业政策做出更明智的选择，以确保可持续的食品生产、经济增长和减贫。

本报告通过评估系列技术措施的减排潜力来确定减少排放的方法。由于部门行为者往往寻求提升项目的可持续性和可行性，这种分析可以在拟定当地和特定模式的解决方案时提供指导，也可以更有针对性地扶持贫困人口的畜牧业发展。

联合国粮食及农业组织（FAO）有关评估畜牧业生产对环境影响的工作（本报告作为其中一部分），已经引起了多个合作伙伴的兴趣和支持，并

[①]　FAO，2013a，反刍动物供应链的温室气体排放——全球生命周期评估
FAO，2013b，生猪与鸡供应链的温室气体排放——全球生命周期评估

同FAO一道参与数据升级和分析工作。畜牧业环境评估与绩效伙伴关系（LEAP）侧重于制定广泛认可的具体部门指南以及评估监测部门的环境绩效标准。

部门行为者越来越意识到，日益稀缺的自然资源可能会影响部门的未来，他们已经开始着手解决行业发展引起的环境影响问题。为回应这些关切，许多合作伙伴已经开始与FAO合作参与全球政策对话。支持畜牧业可持续发展的全球行动议程，旨在促进和引导利益相关方改进措施，以提高自然资源利用率。

更加丰富的知识和不断增长的行动意愿，为畜牧业应对气候变化提供了动力。我们不应忽视这一点。随着气候变化开始影响每一个人的生活，我们迫切需要联合起来、共同行动。

王韧
助理总干事
农业和消费者保护部

致　谢

本报告结果来自于对全球畜牧业供应链温室气体排放的评估，具体分析由Berhe Tekola领导的FAO动物生产及卫生司负责，并由农业气候变化减缓项目（MICCA）联合赞助。

本报告由以下FAO成员撰写完成：Pierre Gerber、Henning Steinfeld、Benjamin Henderson、Anne Mottet、Carolyn Opio、Jeroen Dijkman、Ales-sandra Falcucci和 Giuseppe Tempio。

研究团队成员包括：Benjamin Henderson、Michael MacLeod、Anne Mottet、Carolyn Opio和Theun Vellinga（分析师）；Klaas Dietze、Alessandra Falcucci、Guya Gi-anni、Tim Robinson、Mirella Salvatore、Giuseppe Tempio、Olaf Thieme和Viola Weiler（数据管理及建模），以及Pierre Gerber（团队负责人）。

支持性分析由研究合作伙伴负责进行，包括科罗拉多州立大学、宾夕法尼亚州立大学、瓦赫宁根大学、瑞典食品和生物科技研究所（SIK）。

许多专家对分析结果和报告撰写提出了十分有价值的评论、意见和信息。我们要特别感谢FAO的同事：Philippe Ankers、Vincent Gitz、Leslie Lipper、Harinder Makkar、Alexandre Meybeck、Ugo Pica-Ciamarra、Marja-Liisa Tapio-Bistrom、Francesco Tubiello以及Xiangjun Yao。本报告同时也从来自于非政府组织、政府和私营部门组织等外部评审的意见中受益匪浅。

我们对Caroline Chaumont提供的编辑支持，Simona Capocaccia、Cristiana Giovannini和Claudia Ciarlantini的图片设计，Phil Harris的校审，以及Christine Ellefson的行政支持表示感谢！

概　述

气候变化正在改变地球的生态系统，并对当代以及未来的人类生活产生威胁。为"保持全球气温上升低于2℃"并避免"危险的"气候变化[①]，我们迫切需要大幅度削减全球排放量。

人为温室气体排放的很大份额来自于全球畜牧业，但其也在必要的减排措施中占有较大的份量。

这迫切要求所有利益相关方采取一致的、集体的行动，以确保现有和未来承诺的减排策略顺利实施。鉴于要为日益增长的、更加富有的和城市化水平更高的世界人口提供食物以确保粮食安全，畜牧业规模将继续扩大，减少部门排放和其环境足迹的需求变得越来越紧迫。

畜牧业：气候变化的重要贡献者

畜牧业在气候变化中发挥重要作用。据估算，畜牧业每年大约排放71亿吨二氧化碳当量[*]，占人为温室气体排放总量的14.5%。

牛肉和牛奶生产是畜牧业排放的主要来源，两者的排放量分别占畜牧业排放总量的41%和20%，而猪肉以及禽肉和禽蛋分别占比9%和8%。随着时间的推移，畜牧业产量的强增长预期将导致更高的排放总量和占比。

饲料生产加工以及反刍动物的肠道发酵是排放的两个主要来源，分别占畜牧业排放总量的45%和39%。动物粪便的储存和加工占比10%，其余排放来自于动物产品的加工和运输。

饲料生产中，牧草和饲料作物向森林的扩张种植大约占畜牧业排放量的9%。

具体分类来看，畜牧业供应链上的化石能源消费占行业排放总量的20%

---

① 哥本哈根协议，2009年，《联合国气候变化框架公约》缔约方第15次会议。

* 为统一度量整体温室效应的后果，需要一种能够比较不同温室气体排放的量度单位，由于二氧化碳增温效益的贡献最大，因此规定二氧化碳当量用作比较不同温室气体排放的量度单位。全书后面的温室气体排放单位均省略二氧化碳当量。

左右。

重要的减排目标

那些能够帮助减少现有排放量的技术和措施并没有得到广泛运用，如果世界上大量的厂商采用这些技术和措施将明显减少二氧化碳排放。

即使在相似的生产模式中，不同生产单位的排放强度（每单位动物产品的排放量）也大大不同，不同的养殖方式和供应链管理是这种差异的重要原因。在最低排放强度和最高排放强度之间，具有较大的减排潜力。

举例来说，如果在某一模式、区域和气候条件下的生产者采用目前排放强度最低的10%生产者所使用的技术和方法，温室气体减排30%是很有可能实现的。

有效的做法是减排的关键

温室气体排放的强度与生产者使用资源的效率直接相关。对畜牧生产系统而言，一氧化二氮、甲烷和二氧化碳是该行业排放的三大温室气体，是造成氮、能源和有机物流失从而影响效率和生产力的重要原因。

因此，促进减排的可能措施很大程度上是基于提高动物和畜群生产效率的技术和做法。这些技术和做法包括使用优质饲料和均衡饲养以降低肠道和粪便的排放。改善动物繁殖和健康，有助于减少种畜数量（也即非生产部分）和相关排放。

确保粪便中所含营养和能量得到回收利用的粪肥管理和提高供应链中能源利用效率的做法将进一步促进减排。使用低排放强度的投入品（尤其是饲料和能源）则是又一选择。

具有前景的其他减排措施

草原碳固存可以显著抵消温室气体排放，全球每年大致为6亿吨。然而，在大规模推行这一措施之前，需要建立可行的固存量化方法，以及更好地了解这一措施的制度需要和经济可行性。

如饲料添加剂、疫苗和遗传选择方法等一系列有前景的技术，在减排方面具有巨大的潜力，但还需要更进一步发展或者更长时间才能成为可行的减排方案。

减排干预措施促进发展

大多数减排干预措施都能够带来环境和经济上的利益。那些降低排放的措施和技术往往也同时提高了生产力，并促进了粮食安全和经济发展。

全面减排的潜力

所有物种、系统和地区都可以实现大幅减排。减排措施将在全行业中因各个物种、生产制度和地区在排放源、排放强度和水平的不同而呈现差异，但在现有制度下的减排潜力都可以得到实现，这意味着减排可以通过改善措施得到实现，而不用改变生产模式（也即从放牧转向综合饲养，或者从家庭养殖转向工业养殖）。

主要的减排潜力在于生产力水平较低的反刍动物系统（例如南亚、拉丁美洲、加勒比地区和非洲）。部分减排潜力可以通过提高饲料品质、动物健康和畜群管理等有关措施来实现。

在大多数富裕地区，反刍动物养殖产生的温室气体排放强度相对较低，但生产和排放的数量仍然保持较高，排放强度的小幅下降仍可能带来排放量的大幅减少（例如欧洲和北美的奶制品生产）。在这些地区，单个动物和整个畜群的生产效率已经很高，可以通过改进其他农场管理措施来实现减排，如粪便管理、能源利用和采用发酵强度较低的饲料等。

在中级猪肉和禽肉生产模式中同样可以实现大幅减排，尤其是在依靠购买高排放强度投入品而使用效率却不高的东亚和东南亚地区。

让环境成为释放减排潜力的关键

要实现畜牧业的减排潜力需要政策支持、适当的制度和激励框架以及更加积极的监管。

提高认识和技术推广是采用更好技术和措施的首要任务。这就要求在交流活动、示范农场、农民田间学校、农民网络和培训项目上进行投资。行业组织可以在提高生产者认识、传播最佳做法和减排的成功案例等方面发挥重要作用。

从中期来看，许多减排措施是有利可图的，公共政策应该确保农民可以应对初期的投资和可能的风险。这在不发达国家尤其重要，因为这些国家有限的信贷机会和风险规避策略会阻碍其采取需要前期投资的新措施。提供小额信贷计划可以有效支持小规模农户采用新的技术和措施。如果从短期或中期来看，技术和措施的采用对于农民来说过于昂贵，但却可以带来明显的公共减排，那就应该设立减排补贴。

公共和私营部门的政策也在支持研发以提高现有技术的适用性和可承受性，以及提供减排的新方法上发挥着至关重要的作用。同时，还需要进行大量研究来评估减排方案的成本和收益。

以效率为基础的减排策略并不总是能减少排放，特别是在生产快速发展的地方。若考虑到农村发展和粮食安全问题，则可能需要采取一些补充措施来保障总排放量得到遏制。另外，还需要制订保障措施以防止提高效率带来的潜在的负面影响，例如动物疫病、福利不足以及土壤和水资源的污染问题。

国际社会应共同努力确保在《联合国气候变化框架公约》(UNFCCC) 以内和以外的减排承诺得到强化，以提供更有利的激励来减少畜牧部门的气体排放，并确保不同经济部门的举措处于平衡。

在减排潜力巨大的不发达国家，建立包括减排和发展目标在内的行业发展战略至关重要。这些战略可能会使减排措施得到更广泛的运用。

需要集体的、协调的和全球性的行动

近年来，公共和私营部门采取了一些有趣且有前景的举措来解决可持续发展问题。我们需要多方利益相关者共同行动来设计和实施公平有效的减排战略，并建立必要的支持政策和制度框架。

只有将所有的部门利益相关者（私营和公共部门、民间社会、学术研究和国际组织）都纳入进来，才能应对该行业的多样性和复杂性。气候变化是一个全球性的问题，且畜牧供应链正日益国际化。因此，要有效和公平地推进减排就需要推进全球化合作。

缩 略 语

AEC	农业生态区
ABC	巴西政府低碳农业项目
AGA	联合国粮食及农业组织动物生产及卫生司
AGGP	农业温室气体项目
APS	替代政策情景
BAU	正常情景
CCX	芝加哥气候交易所
CDM	清洁发展机制
CFI	澳大利亚碳农业倡议
CGIAR	国际农业研究磋商组织
CW	胴体重
DE	可消化能量
DM	干物质
ETS	欧盟排放交易计划
FCPF	森林碳伙伴基金
FIP	森林投资计划
FPCM	脂肪和蛋白质校正乳
GAEZ	全球农业生态区
GHG	温室气体
GIS	地理信息系统
GLEAM	全球畜牧环境评估模型
GMI	全球甲烷倡议
GRA	全球农业温室气体研究联盟
GWP	全球暖化潜能
HFCs	氢氟碳化物

IDF	国际乳业联盟
IEA	国际能源署
IFPRI	国际食物政策研究所
IIASA	国际应用系统分析研究所
IPCC	政府间气候变化专门委员会
LAC	拉丁美洲和加勒比地区
LCA	生命周期评估
LEAP	畜牧业环境评估与绩效伙伴关系
LUC	土地利用变化
MICCA	减缓农业气候变化
MAMA	国家适当减排行动
NASA	美国国家航空航天局
NENA	近东和北非
NZAGRC	新西兰农业温室气体研究中心
OECD	经济合作与发展组织
OTC	场外交易
REDD+	减少毁林和森林退化排放计划
SAI	可持续农业计划
SIK	瑞典食品和生物技术研究所
SSA	撒哈拉以南非洲地区
TNC	自然保护协会
UNEP	联合国环境规划署
UNFCCC	联合国气候变化框架公约
USEPA	美国环境保护局
VCS	核证减排标准
VS	挥发性固体
WRI	世界资源研究所

术　语

初产年龄：出生后第一次生产的时间，即小母牛（小母猪）成为母牛（母猪）的年龄。

厌氧环境：缺氧状态，即有利于有机碳转化为甲烷而不是二氧化碳的环境。

厌氧消化器：用于进行厌氧消化的设备，即在没有氧气的情况下通过微生物降解有机物质的过程，产生甲烷、二氧化碳和其他气体作为副产物。

家庭养殖模式：生产主要用于维持生计或供给当地市场，其养殖绩效低于商业系统，且动物喂食主要来自泔水和本地购买（不到购买浓缩料的20%）。

种畜：用于繁殖而不用于生产的动物，也即保持畜群规模所需要的动物。

肉鸡：用于肉类消费的饲养鸡。

副产品：养殖或种植加工过程中产生的主要产品之外的其他产品（如油饼、麸皮、内脏或皮毛）。

碳足迹：一个产品在其供应链各环节的温室气体排放总和，通常每单位产量用千克或吨（二氧化碳当量）来表示。

二氧化碳排放当量：在一定时间范围内，同一时间段内与一定排放量的混合温室气体产生相同辐射作用的二氧化碳的排放数量。通过在一定的时间范围内，将一种温室气体的排放量与其全球暖化潜能值（GWP）相乘获得。二氧化碳排放当量是一个比较不同温室气体排放量的标准指标（IPCC，2007）。

群组：畜群内根据动物年龄、性别和功能划分的类别（如成年母畜、后备母畜、育肥公畜）。

关联产品：最终产品超过一个的生产活动所产出的产品（如奶、肉、粪便和皮等）。该术语不包括可能提供的服务（如畜力）。

作物残余：作物收获后留在农田中的残余物（如稻草和秸秆）。

乳畜群：包括产奶畜群的所有动物：产奶动物、后备家畜以及用于肉类生产的过剩犊畜。

直接能量：为饲养家畜农场所消耗的能量（如照明、取暖、挤奶和降温）。

排放强度：每单位产出的排放量，代表每单位产出产生的二氧化碳当量（如生产每千克鸡蛋产生的二氧化碳当量）。

脂肪和蛋白质校正乳（FPCM）：用于比较脂肪和蛋白质含量不同的奶制品标准。它是评估不同产奶动物和不同品种间奶类生产的一种方法。牛奶的脂肪和蛋白的标准含量分别被定为4%和3.3%。

均衡饲养：选择和混合不含有害成分的饲料，并根据动物生理阶段和生产潜力制定满足其营养需求的饮食的行为（FAO，2013d）。

饲料转化率：衡量动物将饲料转化为自身组织的效率，通常用每千克饲料产生的产品数量（如活体重、禽蛋或蛋白质）来表示。

饲料消化率：决定真正被动物吸收的相对饲料摄入量，确保动物生长、繁殖等所需的饲料能量或营养需求。

饲料加工：改变饲料商品的物理（化学）特性以便于动物吸收利用的过程（如通过脱干、研磨、烹饪、制粒等）。

饲草采摘率：牲畜消耗的地上草地植被的比例（放牧或收获）。

地理信息系统：将所有数据的地理参考纳入数据集管理的计算机系统。

全球暖化潜能：被政府间气候变化专门委员会（IPCC）定义为反映一定时期内（如100年），与相同质量的二氧化碳相比，温室气体对气候变化影响的指标。

放牧养殖模式：饲养动物的干物质10%以上是农场生产的，且每公顷农用地的年平均载畜量在10个牲畜单位以下的畜牧生产系统（Seré和Steinfeld，1996）。

温室气体：指在红外范围内吸收和排放辐射的一些气体，这个过程是产生温室效应的主要原因。地球大气层中主要的温室气体为：水蒸气（H_2O）、二氧化碳（CO_2）、甲烷（CH_4）、一氧化二氮（N_2O）和臭氧（O_3）。

间接（或嵌入式）能量：在肥料或钢材等农业投入品生产过程中产生的能量或排放。

工业养殖模式：依赖于全封闭式厂房和高资本投入需求（包括基础设施、建筑和设备），并采购非本地饲料或农场集约化生产饲料的大规模的、市场导向的畜牧养殖模式。工业生产系统具有较高的畜群绩效水平。

中级养殖模式：依赖于半封闭的厂房、中等的资本投入需求以及本地饲料配给占比在30%～50%的市场化养殖模式。与工业化生产方式相比，中级生产系统的绩效水平较低。

　　蛋鸡：饲养起来专门用于产蛋的鸡。

　　甲烷转化因子：通过粪便管理可以实际达到的粪肥中产生的最大甲烷比例，也即部分有机物质实际转化成甲烷的比例。

　　混合养殖模式：指动物饲料中10%以上的干物质来自于作物副产品或残茬，或者10%以上的产值来自于非养殖的农业活动的畜牧养殖模式。

　　自然资源利用率：主要用于测算生产过程中自然资源投入量与其产出的比例（如生产每单位肉所消耗的磷的数量、生产每单位牛奶所使用的土地的数量）。

　　生产率：每单位生产要素所产出的数量。本报告中，用于表示每单位时间和牲畜生产的产品数量（如每头奶牛每年生产的牛奶数量）。

　　替换率：畜群中成年家畜被更年轻的成年家畜替代的比例。

　　散养：家庭养殖中家畜自由觅食（如食物残余、昆虫等）。

　　土壤碱化：向土壤中使用石灰和其他钙肥以去除多余酸性。

　　尿素处理：在密闭条件下对饲草施用尿素。在尿素和碱性条件下形成的氨，将会破坏细胞壁结构，从而提高低品质粗饲料或作物残留物的摄入量和消化率。

目 录

前 言 ·· v

致 谢 ·· vii

概 述 ·· ix

缩略语 ·· xiii

术 语 ·· xv

1 引 言   1

2 研究方法   4

    2.1 导论 ··· 5

    2.2 全球畜牧环境评估模型 ····················· 5

    2.3 草原碳固存潜力模拟 ·························· 11

3 总 览   14

    3.1 畜牧业排放对人为排放总量的重要贡献 ·········15

    3.2 不同物种和商品的排放 ······················15

    3.3 主要排放源 ·································17

    3.4 不同地区的排放 ····························21

4 不同物种的排放   23

    4.1 牛 ···24

    4.2 水牛 ···29

    4.3 小型反刍动物 ·······························33

4.4 猪 ·· 35

4.5 鸡 ·· 39

4.6 交叉观测 ·· 41

5 减排范围 ·· 47

5.1 减排潜力 ·· 49

5.2 碳固存 ··· 55

5.3 主要地理区域的潜力 ··· 57

6 实践中的减排：案例研究 ·· 59

6.1 南亚地区的奶牛生产 ··· 62

6.2 东亚和东南亚地区生猪的集约化生产 ·························· 66

6.3 南美地区的肉牛生产 ··· 71

6.4 西非地区的小型反刍动物生产 ·································· 75

6.5 经合组织国家的奶类生产 ······································ 79

6.6 生产力提高的潜力 ··· 83

7 对政策制定的影响 ··· 86

7.1 减排政策简述 ·· 87

7.2 减排政策的目标 ·· 88

7.3 主要的减排策略及其政策需求 ·································· 89

7.4 现有畜牧业减排政策框架 ······································ 95

7.5 结论 ·· 104

附录 关于方法的补充资料 ··· 107

参考文献 ··· 116

1 引 言

摘 要

科学证据表明，在有效应对气候变化方面，集体行动仍然匮乏，各方需要重新做出努力和承诺。

作为自然资源消耗较大的部门和气候变化的最大贡献者，畜牧业需要解决其环境足迹问题。

畜牧业面临的艰难挑战在于，在世界人口增加（到2050年将达到96亿）、收入和城市化水平提高所带来的畜产品需求明显上升（预计2005—2050年需求将增加70%）的背景下实现温室气体减排。

世界人口将从72亿增加至2050年的96亿。人口的增加、收入的提高和城市化水平的提升都将对食物和农业系统带来前所未有的挑战，而支持全球食物和非食物生产，以及提供农业服务所需的自然资源并不会增长。在全球新兴中产阶级的需求带动下，饮食将越来越丰富和多元化，动物食品的增长将尤其明显。到2050年，肉类和奶类的需求预计将比2010年分别增长73%和58%（FAO，2011c）。

但是支撑这一增速的自然资源是有限的。当前，农业在诸如气候变化、土壤退化、水资源污染和生物多样性减少等全球环境问题中扮演着十分重要的角色。未来农产品产量的增加必须与日益稀缺的自然资源相适应，包括土地、水资源和营养成分等，同时农业废弃物和温室气体排放也需要减少。

在农业内部，畜牧业由于对环境的影响较大而成为关注的焦点。传统上，畜牧业受资源供给的影响较大，它可将废弃物和其他替代性较差的资源转化为可食用的产品及其他商品与服务。其养殖规模和对环境的影响均相对有限。然而，从畜牧业逐渐转变为需求驱动后，其发展速度越来越快，出现了与其他行业争夺自然资源的情况。环境的影响越来越大，畜牧业也被指资源尤其匮乏。

目前出现了三个问题。第一，生产动物蛋白比生产等量的植物蛋白的效率要低，尤其是使用专用作物喂养时。第二，大多数畜禽往往在偏远地区养殖，而森林砍伐和土壤退化往往反映了当地在制度和政策上的薄弱。第三，集约化的畜牧生产倾向于集中在具有成本优势的地区（往往靠近城市或港口），但这些地区有限的土地资源不足以实现养殖废弃物的回收利用，从而导致富营养化和污染。

但是，畜牧行业仍有很大部分受资源的供给影响。成千上万的牧民和小农户依靠畜牧养殖来维持日常生计和获取额外的收入和食物。这种传统的养殖模式受到土地和水资源竞争的压力越来越大。

传统的养殖模式往往很难集约化且明显缺乏竞争力和基础设施，同时在向现代化的价值链转型时也面临市场障碍。虽然大量贫困人口从事畜牧业使得环境改善更具挑战性，但同样也带来了一些机会。如果可以建立合适的激励机制，投资高效生产并向牧民和牲畜饲养者提供环境服务作为补偿，比如用水服务、生物多样性保护和碳捕获，将能够产生社会和环境效益。

本报告聚焦于牲畜养殖对气候变化的影响。虽然这只是环境可持续性问题的其中一方面，但也是大家感兴趣和争论的地方。2006年，FAO出版的《畜牧业的巨大阴影——环境问题与选择》（Livestock's long shadow — Environmental issues and options）提供了一个全球性的、综合性的观点，它指出畜牧业对环境的影响要比人们想象的大。重要的是，作为森林砍伐和退化、农业集约化和产业化的驱动因素，以及自然资源的竞争者，畜牧业对环境退化的间接作用越来越受到关注。该书对畜牧业在气候变化、水资源和生物多样性中的作用提出了综合性的观点。然而，气候变化以及畜牧业对温室气体总排放约18%的贡献率这两大问题受到最大关注。

应对气候变化已经变得十分迫切。21世纪前10年，气温达到有记录以来的最高（美国国家航空航天局，2013），2010年和2005年是历史最热的两个年份。2012年11月，世界银行警告称，地球气温比以前升高了4℃，将带来极端热浪、全球粮食库存减少和海平面上升等毁灭性影响（世界银行，2012），并最终对人类的生存产生严重风险。世界银行呼吁，将气温上升遏制在2℃以下[①]。但是，要达到这一目标已经十分紧迫：越晚开展全球减排措施，为达到既定方案而需要付出的努力也就越大。假设每年温室气体排放减少的最高速度为5%，在2027年以前要达到将气温上升控制在1.5℃的目标已经不可能，而且如果还不采取措施，2℃的目标也将错过。

气候变化是明显的，且影响也越来越大，应对气候变化而采取的措施却赶不上实际需求。联合国环境规划署（UNEP）最近的"差距报告"指出，要使到2020年全球气温上升不超2℃，就需要达到此情形下所要求的目标减排量，但目前各国已经承诺的温室气体减排量还不及该目标的1/3。

现实社会有各种各样的生产条件、环境影响和干预策略，任何一种全球评估方案都只是对现实的简化。减排需要因地制宜。最重要的是，这些干预措施需要解决畜牧养殖的社会和贫困问题，如果缺乏替代计划，那么就不能冒险。

本报告简要介绍了目前FAO评估畜牧业对气候变化的影响的工作情况。本文主要借鉴了关于奶牛（FAO，2010a）、反刍动物（FAO，2013a）和单胃动物（FAO，2013b）排放的3篇技术报告，探讨在生产方面的主要减排潜力和选择，并得出了概括性的结论，并没有讨论在消费方面的减排选项。

在如此复杂的分析中，结果也绝不可能是确定性的，即便运用所有可获取的资源来进行最佳评估，也仍然需要改进。

本文所采用的评估方法是近年来在不同畜牧产品中实施，以及公共和私营组织的集体工作成果，旨在介绍和丰富有关畜牧业和资源利用的讨论成果，并为进一步的改进和完善提供重要建议。

当前，解决畜牧业资源利用问题变得越来越迫切，也越来越受到大家重视。同时，越来越多的利益相关方，包括政府、私营部门、生产厂商、研究机构和政府间组织，承诺解决与畜牧业相关的资源利用问题。值此之际，本报告应势而出。

---

① 全球社会承诺将全球表面的平均温度比前工业时期的平均温度上升2℃以内。

2 研究方法

摘 要

本评估基于新开发的全球畜牧环境评估模型 (GLEAM)。这个新建的模型框架可以对主要商品、农业模式和世界各地的温室气体排放和排放强度进行分类评估。基于可复制畜牧供应链上主要元素的模块，GLEAM 将温室气体的排放量化到地理空间单位上（赤道地区每单位5千米 × 5千米）。

与其他依靠全国平均水平的评估相比，地理模式如土地质量、气候和土地利用等取得了重大进展。

分析主要采用生命周期评估 (LCA) 方法，来辨别从土地利用和饲料生产到动物生产、加工运输，再到零售点等全供应链上的主要排放源。

食物和农业产业链条上排放的温室气体主要包括甲烷、一氧化二氮和二氧化碳。

评估系统中的牲畜品种主要包括大型反刍动物（牛和水牛）、小型反刍动物（绵羊和山羊）、猪和家禽（鸡、火鸡、鸭和鹅）。

GLEAM 运用来源广泛的、明确的空间信息，并主要依赖于 IPCC (2006) 的指南来计算排放量。

将2005年作为参考年份，因为当年具有分析所需的最新且完整的数据。为掌握土地利用变化的最新趋势，本分析也采用了一些更新的数据。

通过灵敏度分析对模型假设的稳健性进行了测试，并将结果与其他研究的可信度做了比较。

对于草原土壤碳汇减排潜力的评估，是在 GLEAM 框架之外运用专用草原生态系统模式——Century 和 Daycent 生态系统模型进行。

2.1　导论

全球畜牧环境评估模型（GLEAM）主要用于提高畜牧行业全供应链上温室气体排放的认识，并识别优先干预领域以降低行业排放水平。

由于缺乏一种可以全面并持续对全球畜牧生产排放进行分析的工具，因此促成了这一新型模型框架的开发。

开发GLEAM的目标在于测试适用于不同生产模式和不同主体减排措施的有效性，以及他们在经济和制度上的可行性。基于此考虑，GLEAM在畜群生产函数和资源流动方面拥有高水平的定量细节，非常适合于支持更广泛评估所需的生物经济建模工作。这既可以通过直接将经济数据和参数纳入到GLEAM框架中来实现，也可以通过GLEAM与现有的经济模型耦合来实现，如全球贸易分析模型（GTAP）、共同农业政策区域化影响模型（CAPRI）、全球农业市场模型（GLOBIOM）或者国际农产品贸易政策分析模型（IMPACT）等（Hertel等，1999；Britz和Witzke，2008；Havlik等，2011；Rosegrant等，2008）。

GLEAM由FAO开发，并得到了合作伙伴组织与相关举措的支持，例如减缓农业气候变化项目（MICCA）和牲畜环境评估与绩效伙伴关系（LEAP）[②]。LEAP提供了一个统一标准和方法的平台来监测畜牧供应链上的环境绩效，有助于制定支撑GLEAM的方法和假设条件。

按照当前框架，GLEAM仅量化分析温室气体的排放，但也力图将其他环境指标纳入，如营养成分、水资源和土地利用等。受益于牲畜环境评估与绩效伙伴关系（LEAP）已经开展的工作，支持GLEAM扩展开发所需的基础数据框架和模块已经准备就绪。

2.2　全球畜牧环境评估模型[③]

2.2.1　概述

GLEAM代表全球畜牧供应链上的主要活动，目标在于探索主要商品、农业系统和地区的生产实践对环境的影响。

GLEAM是建立五个模块基础上，并反映了畜牧业供应链上的主要要素：畜群模块、饲料模块、肥料模块、系统模块和分配模块。图1是整个模型结构。畜群模块是从GIS网格单元内给定物种和生产系统下的动物总数开始，它将动物按照不同农业模式分类，并决定畜群结构（即不同群组的动物数量和动

---

② www.fao.org/partnerships/leap
③ GLEAM和相关数据库的详细描述可见FAO（2013a，2013b）。

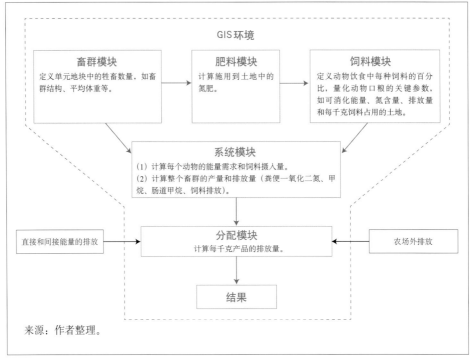

图1　GLEAM模块和运算流程概览

物在不同群组移动的比率）以及每个畜群的动物特征（如体重和增长率）。

畜群结构和动物特征先后运用于系统模块中，以计算每种动物类型的能量需求和每年在GIS网格单元中生产的肉类、奶类和蛋类总量。畜群模块信息也被用于肥料模块以估计粪肥的产量。与此同时，饲料模块计算主要的饲料参数，即组成成分、营养含量和每千克饲料口粮的排放量。详情见附录。

畜群结构、粪肥、动物和饲料特征的信息其后也被运用于系统模块来计算年度总产量和粪便管理产生的排放量、肠道发酵量和饲料产量。农场的排放总量包括农场直接使用能源、农场设施建设和设备制造使用能源所产生的排放。

农场的排放总量将在分配模块中被分配到关联产品和服务中，然后即可计算出农场的排放强度。农场之外的排放单独计算，并最终加上农场排放以得到总排放强度。

2.2.2　排放源

GLEAM考虑了整个畜牧供应链上的主要排放源（表1），只有那些通常被认为排放量较小的忽略了。由于缺乏足够信息和可靠的建模条件，尽管土壤和植被的碳储量变化十分明显（不包括土地利用变化的碳储量变化），本报告并没有将其纳入研究。但这种简化分析在FAO的欧盟案例中有所探讨

（FAO,2013a）。分析表明，永久性草地代表了一个每年（1 100.5±6 900.0）万吨左右的排放池，或者欧盟内反刍行业所排放温室气体的（3±18）%。由于那些与劳动力和为产业链各利益相关者提供服务和帮助的相关数据有限，其他重要的潜在排放途径也被排除在外。

表1 本评估中考察的温室气体排放来源

供应链	活动	温室气体	包括	不包括
上游	饲料生产	一氧化二氮	直接或间接的一氧化二氮来自： • 合成氮的应用 • 粪肥的应用 • 放牧和散养动物粪便的直接存放 • 作物残余管理	• 与碳储量变化相关的一氧化二氮损失 • 生物质燃烧 • 生物学固定 • 来自非氮肥和石灰的排放
		二氧化碳、一氧化二氮、甲烷	• 田间直接使用的能源 • 饲料加工和运输中使用的能源 • 肥料生产 • 饲料搅拌 • 非作物饲料的生产（鱼粉、石灰和合成氨基酸） • 来自稻田种植的甲烷 • 与大豆种植相关的土地利用变化	• 持续管理措施下来自土地利用的碳储量变化
	非饲料生产	二氧化碳	• 与农场建筑和设备制造相关的能源	• 清洁剂、抗生素和药物的生产
动物生产单元	畜牧生产	甲烷	• 肠道发酵 • 粪肥管理	
		一氧化二氮	• 来自粪肥管理的直接或间接的一氧化二氮排放	
		二氧化碳	• 畜牧养殖的农场直接能源消耗（如降温、通风和取暖）	
下游	出农场后	二氧化碳、甲烷、氢氟碳化物	• 将活畜和产品运到屠宰和加工厂 • 将加工产品运输到零售点 • 运输和加工过程中的制冷 • 将肉转变成胴体或切割肉和禽蛋的初加工 • 包装生产	• 现场废水处理 • 来自动物废弃物的排放，或废弃物发电所产生的排放 • 与屠宰副产品有关的排放（如着色材料、内脏、皮肤） • 零售和零售后的能源消耗 • 零售和零售后的废物处理①

①不包括食物损耗。
来源：作者整理。

2.2.3 土地利用变化的排放

土地利用变化是一个高度复杂的过程，是多种因素直接或间接相互作用的结果，且涉及许多的形式转变，如整治、放牧、种植、弃用和次生林的再生长。从气候变化的角度看，森林砍伐是产生温室气体最多的土地利用变化过程（IPCC，2007）。关于影响森林砍伐的主要因素和这些因素所产生的温室气体排放量，目前各界还有争论。

在当前的GLEAM版本中，土地利用变化主要指森林向饲料作物耕地和牧场的转变。排放量主要根据IPCC的一级指导方针量化。

对于饲料作物扩张的分析结果仅限于巴西和阿根廷的大豆生产。这一结论来自于对1990—2006年[④]（本研究以其作为参考时间段）土地利用类型转换和作物扩张趋势的观察：全球主要的耕地面积扩张是用于生产玉米和大豆，但只有在拉丁美洲耕地的扩张直接与森林面积减少相关。在拉丁美洲，1990—2006年90%的大豆面积增加来自巴西和阿根廷，两国的大豆种植面积占该区域大豆总面积的91%。

本研究仅量化了拉丁美洲与牧场扩张相关的森林砍伐所带来的排放。这是由于1990—2006年显著的牧场面积扩张和同时伴随的森林面积减少主要发生在拉丁美洲和非洲。但是在非洲，放牧并不是推动森林砍伐的显著因素。在拉丁美洲，该区域由森林向牧场转变带来的排放量中，97%来自于4个国家，即巴西、智利、尼加拉瓜和巴拉圭。

与土地利用变化相关的温室气体排放，主要发生在那些使用的饲料资源与森林砍伐相关的模式和地区。运用贸易矩阵方法来跟踪大豆和豆粕的国际贸易流向，并估计来自森林砍伐区域的大豆产品在动物口粮中的份额。拉丁美洲地区，一些国家的牧场向森林扩张用于牛肉生产是引起排放增加的主要原因。

详细解释和敏感性分析可参考FAO（2013a，2013b）。

2.2.4 供应链

GLEAM包括了14 000个以上分散的供应链，这里的供应链是指商品、农业制度、国家和农业生态区的不同组合。与这些集合相对应的地理区域则进一步分解为GLEAM生产单位：网格单元或像元（分辨率为3角分或约5千米×5千米）。

该模型分为11种主要畜产品：牛、羊、山羊和水牛的肉和奶，猪肉、鸡肉和鸡蛋；反刍动物的养殖分为混合和放牧模式；猪分为家庭、中级和产业化模式，鸡分为家庭、蛋鸡和肉鸡模式（表2至表4）。

---

④ 由于FAO统计数据库中1990年是拥有连续且可用森林数据集的最近年份，因此选择1990年作为初始年份。事实上，与政府间气候变化专门委员会（IPCC）推荐的20年时间框架相比，本研究少了4年的有关土地利用变化的排放量数据。

表2 反刍动物养殖模式概述

模式	特征
草原（或放牧）模式	饲养动物的干物质10%以上是农场生产的，且每公顷农用地的年平均载畜量在10个牲畜单位以下的畜牧生产系统
混合模式	动物饲料中10%以上的干物质来自于作物副产品或残茬，或者10%以上的产值来自于非畜牧活动的养殖模式

来源：FAO，2011b。

表3 生猪养殖模式概述

模式	厂房	特征
工业化模式	全封闭的：板条混凝土地板；钢结构框架和屋顶；砖、混凝土、钢或木墙	完全市场导向；高资本投入需求（包括基础设施、建筑物、设备）；畜群绩效水平高；采购非本地的饲料或农场集约化生产的饲料
中级模式	半封闭的：没有围墙（或者如果可能则是当地材料做的围墙）；固化的混凝土地板，钢结构框架和屋顶	完全市场导向；中等资本投入需求；降低的畜群绩效水平（与工业化模式相比）；本地饲料占动物口粮的比例为30%～50%
家庭模式	半封闭的：无固化的混凝土地板，或者如果有路面也是用当地材料建造完成；屋顶和房屋框架也是用当地材料建造完成（如泥砖、茅草和木材）	主要受物质驱动或供应当地市场；资本投入需求最小；畜群绩效水平低于商业模式；最高20%的饲料来源于外地；泔脚饲料、觅食和当地饲料在饲料来源中占比较高

来源：作者整理。

表4 鸡养殖模式概述

模式	厂房	特征
肉鸡	肉鸡被松散地养殖在鸡窝内，采用自动化喂食和供水	完全市场导向；高资本投入需求（包括基础设施、建筑物、设备）；高水平的鸡群生产效率；采购非本地的饲料或农场集约化生产的饲料
蛋鸡	蛋鸡被养殖在各种笼子、鸡舍和自由放养系统中，采用自动化喂食和供水	完全市场导向；高资本投入需求（包括基础设施、建筑物、设备）；高水平的鸡群生产效率；采购非本地的饲料或农场集约化生产的饲料
家庭	采用当地的木材、竹子、黏土、树叶和手工建造物资搭建鸡笼框架（柱子、椽子、屋顶框架），加上废铁网墙和屋顶。鸡笼主要由当地材料或废金属网制作而成	动物采取自由散养，为拥有者和当地市场生产肉类和蛋类。动物饲料包括泔脚饲料、觅食（占20%～40%）以及当地生产的饲料（占60%～80%）

来源：作者整理。

2.2.5 分配

如果明确的物理界限不能建立或用来区分排放量，则应以反映其他基本关系的方式分配排放。最常用的方法是经济分配，在联合生产产品的背景下，根据产品的经济价值组合来分配每个产品的排放量。也可采用如体重或蛋白质含量等其余参数（Cederberg和Stadig，2003）。本评估采用的在产品和服务中分配排放量的技术方法如下：

（1）食用产品中（如肉类和蛋类；牛肉和奶类），排放量的分配是基于蛋白质含量。

（2）食用和非食用产品之间（如奶类、肉类和纤维），排放量的分配是基于产出的经济价值。

（3）由于屠宰副产品（如内脏、皮肤和血液）的使用和价值受空间和时间变化的影响较大，且全球范围的记录较少，因此，没有排放分配到这些副产品中。

（4）对于粪便，排放量的分配是基于生产流程的细分：

① 粪便储存产生的排放完全分配到畜牧业中。

② 运用到饲料和牧场存放的粪便而产生的排放归于畜牧业，并根据大量的收获和相关经济价值分配到饲料。

③ 没有运用到饲料作物或牧场的粪便所产生的排放被认为脱离了畜牧业，因此不分配排放量到畜产品。

（5）对于服务（如畜力），排放量的分配是基于牲畜生命周期内劳动力的总能源需求，排放量从畜牧业总排放量中扣除。

（6）牲畜的资本功能不分配排放量。

2.2.6 数据

GLEAM使用地理参考数据来计算畜牧行业的排放量。模型收集了不同层面上的生产措施和生产率数据：生产模式、国家层面、农业生态区或者它们的组合（如发展中国家的粪便储存信息可用于生产模式和农业生态区的组合）。如牲畜数量、牧场和饲料可获取性等其他数据可以GIS网格（栅格图层）的形式提供。GIS可以储存特定位置的观测数据，并可通过这些数据模拟出新的信息，计算总面积、排放量等区域特点。GIS的运用将空间上的差异性引入到建模过程中。在此条件下，运用该分析尺度下最精确的信息，然后沿着如农业制度、国家集团、商品和动物种类等所需类别进行聚合，即可以估算出全球任何地区的排放量。因此，模型可以从GLEAM内的微小层面（即生产单元）到全球层面的多种层面上计算出平均排放强度。

数据收集包括数据库、文献检索、专家意见，以及获取可用的公共和商业性生命周期清单包（如Ecoinvent）等方面的深入研究。如果数据无法获取，则需要做出假设。本研究的主要数据来源包括：

（1）世界畜牧业的栅格化（FAO，2007）；

（2）附录一国家的国家库存报告（UNFCCC，2009a）；

（3）非附录一国家的国家信息（UNFCCC，2009b）；

（4）来自国际食物政策研究所的饲料可用性地理参考数据库；

（5）初级产品的卫星数据；

（6）来自SIK（Flysjö等，2008）、荷兰瓦赫宁根大学（I. de Boer，个人通信）的生命周期清单数据；

（7）国际农业研究磋商组织的报告；

（8）FAO的统计数据；

（9）同行评审期刊。

2.2.7 不确定性分析

在这样的全球评估模型中，条件的简化、假设和方法的选择都使得结果存在一定程度的不确定性。下文中将要提到，为了解这些选择的影响，对GLEAM中的几个要素做了几项敏感度测试。

本评估中，土地利用类型变化所产生的排放是按照IPCC的标准进行计算得出。我们使用了三种替代方法来解释方法学上的不确定性，并评估了近期拉丁美洲和加勒比地区森林砍伐率下降的影响。

同时，我们对最终结果也进行了部分敏感度分析。主要在选定国家和生产模式下，重点针对那些最有可能对排放强度产生显著影响，以及被认为拥有高度不确定性和内在变异性的参数进行。在几个国家和生产模式下进行的分析表明，在置信度为95%的条件下，反刍动物的敏感度为±50%，单胃动物的敏感度为±20%～30%。由于畜群参数和土地利用变化排放的不同，对反刍动物的估计有更高的不确定性。

2.2.8 验证

虽然目前仍有一些生产模式和地区没有被研究所覆盖，但已经有越来越多的当地和区域的生命周期评估（LCA）研究可以与本研究的结论进行比较。然而，各研究间由于方法的不同不能简单地进行比较。尤其是，在比较前，需要对结果进行修正以解释研究范围（包括生产系统的边界和具体的排放来源）和运算单位上的差异。本研究的评估结果与超过50个畜牧业温室气体排放的LCA研究做了比较。绝大多数的差异都可以用研究方法、饲料成分和消化率的假设、动物体重、土地利用变化的排放、粪肥管理实践，以及相关产品排放量的分配规定等方面的不同来解释。尽管存在这些差异，本研究的评估结果仍然可以在许多文献的研究中得到例证。

2.3 草原碳固存潜力模拟

采用GLEAM框架外的Century和Daycent生态系统模型——专用的草原生

态系统模型，估算全世界不同管理策略下草原（即牧场和草场）的碳固存潜力。

2.3.1 Century 和 Daycent 生态系统模型

Century 模型模拟植物和土壤的碳、氮、磷、硫等元素的动态变化，并在20世纪80年代开发以来，对各种牧场生态系统的生产和土壤碳库存（和库存变化）进行了验证。Century 模型用于评估改善放牧管理的碳固存潜力。Daycent 模型是 Century 生态系统模型的日常版，用于评估豆科播种和草地施肥活动对土壤碳固存潜力和一氧化二氮通量的影响。Daycent 模型可以更好地反映不同生态系统中的一氧化二氮通量变化。

2.3.2 土壤碳汇潜力评估

Century 和 Daycent 生态系统模型都是在20年时间范围内对下面的情景进行评估。

（1）基准情景

为反映基期或当前的放牧条件，Century 和 Daycent 模型使用气象观测数据和估算反刍动物饲草采摘率来进行运算。这些数据是 Century 和 Daycent 模型的影响因子之一，主要是基于来自 GLEAM 的年度反刍动物粗粮消费水平的比率，及来自 Century 和 Daycent 模型的年度饲草生产的比率（或高于地面净初级生产力）。

（2）改善的放牧情景

与基准情景相比，对饲草采摘率进行向上或向下调整以最大化饲料的产量。与基准情景一样，这些消费水平也是来自GLEAM的基于空间参考的反刍动物粗粮消费水平。改善的放牧情景适用于世界上所有驯养放牧反刍动物的草原。

（3）豆科作物播种情景

估算种植豆科作物的减排潜力是用土壤的碳固存减去种植豆科作物增加的一氧化二氮排放量。这一措施仅适用于那些在构成世界牧场原生植被生物群落以外的相对湿润草原地区（如中度湿润牧场）。此情景下，用草将豆科作物覆盖，达到约20%的覆盖率，并坚持在模拟过程中不再重新播种或额外投入。

（4）施肥情景

估算草地施肥的减排潜力也是用草地中土壤的碳固存减去增加的一氧化二氮排放量。施肥也仅适用于那些在构成世界牧场原生植被生物群落以外的中度湿润草原地区。将氮肥以硝酸铵的形式加入，投入量范围为每公顷0～140千克，每公顷增加20千克（以氮计）。

所有的管理情景都是在20年的时间跨度下，并假设未来10年气候变化引起的温室气体排放量与管理的效应相比是适度的，并运用1987—2006年的气象数据进行评估的。在3种减排情景中，只有改善放牧和豆科作物播种情景在全球层面上拥有净正向的减排潜力。对于施肥情景，氮肥产生的额外的一氧化二氮排放量抵消了所有增加的土壤碳库存。

2.3.3 草地数据

与可用的气象数据相对应，Century模型是在0.5度的分辨率下运行。为实现结果的区域匹配，创建一个地图对这些结果进行缩放，以对应每个像元内的草原实际面积。第一步，运用FAO和国际应用系统分析研究所制作的全球农业生态区数据集中的草地和林地覆盖数据来确定世界草原的最大空间范围。[5]第二步，调整修正这个集合的全球农业生态区空间层以匹配2005年的粮农组织统计数据库（FAOSTAT）中所报告的永久牧场和草地的平均面积。据此步骤得出的草原总面积大约30亿公顷。[6]下一步，则是将整个草原面积分为牧区面积和非牧区面积（如中度湿润牧场）。这里的牧场，是指在全球模式相互比较项目创建的生物群落数据库中，位于原生草原、灌木丛和热带草原生物群落的所有放牧区域（Cramer等，1999）。其余的草原面积包括适用于豆科作物种植和施肥情景的湿润牧场区。

---

⑤　http://gaez.fao.org/Main
⑥　http://faostat.fao.org/site/377/default.aspx

3 总览

摘 要

据估计，每年畜牧业供应链的温室气体排放量为71亿吨，约占所有人为产生的温室气体排放量的14.5%，畜牧业对气候变化有着重要影响。

饲料生产和加工以及反刍动物的肠道发酵是排放的两个主要来源，分别占畜牧业总排放的45%和39%，粪便的存放和加工占10%，其余则主要来自于动物产品的加工和运输。

包含在饲料生产内，土地利用的变化如牧场和饲料作物向森林的扩张，约占畜牧业排放的9%。

从类别来看，畜牧业供应链上化石燃料的消费约占排放量的20%。

对整个畜牧业的温室气体排放贡献最大的动物产品是牛肉和牛奶，分别占行业排放的41%和20%。反刍动物排放的甲烷也发挥了重要的作用。

猪肉、禽肉和禽蛋对畜牧业排放的贡献分别占9%和8%。

3.1 畜牧业排放对人为排放总量的重要贡献

根据2005年数据，畜牧业供应链所排放的温室气体总量约为71亿吨。这一数据占政府间气候变化专门委员会（IPCC）对所有人为排放量最新估算结果的14.5%（2004年490亿吨；政府间气候变化专门委员会，2007）。

虽然这一数据是基于更详细的分析，包括改进主要方法和优化数据集（见第2章），但是此绝对数据符合FAO于2006年出版的《畜牧业的巨大阴影》（FAO，2006）的评估。由于参考期不同，所以相对贡献不能比较。2006年的评估（基于2001—2004年参考期）与世界资源研究所（WRI）在2000年评估的甲烷、一氧化二氮和二氧化碳气体等人为排放总量做了比较。

3.1.1 甲烷：排放最多的气体

畜牧业约44%的排放是甲烷。其余排放多是一氧化二氮（29%）和二氧化碳（27%）。畜牧业供应链的排放如下：

（1）二氧化碳每年排放量为20亿吨，或占人为二氧化碳排放量的5%（政府间气候变化专门委员会，2007）。[⑦]

（2）甲烷每年排放量约为31亿吨，或占人为甲烷排放量的44%（政府间气候变化专门委员会，2007）。

（3）一氧化二氮每年排放量约为20亿吨，或占人为一氧化二氮排放量的53%（政府间气候变化专门委员会，2007）。

氢氟碳化物的排放量在全球范围内所占比例是微不足道的。

3.2 不同物种和商品的排放

3.2.1 牛是主要的排放贡献者

牛是畜牧业排放量的主要贡献者，排放量约为46亿吨，占行业排放量的65%。肉牛（生产肉类和非食用产品）和奶牛（除了非食用产品外，生产肉类和牛奶）的温室气体排放量相当。猪、家禽类、水牛和小反刍动物的排放量要低得多，每类排放量占行业排放总量的7%～10%（图2）。

3.2.2 牛肉：总排放量和排放强度最高的商品

牛肉的排放量占行业总排放量的41%，约为29亿吨；牛奶的排放量占20%，约为14亿吨；猪肉，占9%，约7亿吨；水牛奶和肉类占8%；鸡肉和鸡蛋占8%；小型反刍动物奶类和肉类占6%。其余的是其他家禽和非食用产

[⑦] 2005年运用GLEAM计算了全球温室气体排放价值，而2004年政府间气候变化专门委员会估算了人为排放总量。

品的排放量。

当以单位蛋白质为基础来表示排放量时，牛肉是排放强度最高的商品（每单位产量排放的温室气体量），平均每千克蛋白质排放量超过300千克；其次是小反刍动物的肉与奶，平均每千克蛋白质排放量分别为165千克和112千克。牛奶、[8]鸡肉和猪肉的全球平均排放强度都较低，每千克蛋白质排放量均低于100千克（图3）。

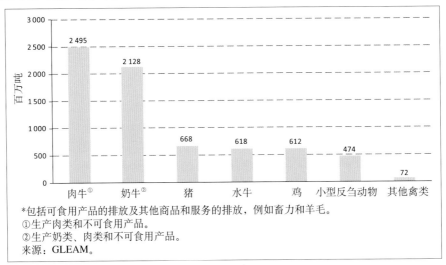

*包括可食用产品的排放及其他商品和服务的排放，例如畜力和羊毛。
①生产肉类和不可食用产品。
②生产奶类、肉类和不可食用产品。
来源：GLEAM。

图2　不同动物的全球排放评估*

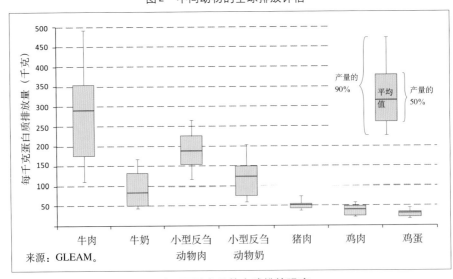

来源：GLEAM。

图3　不同产品的全球排放强度

[8]在本文中，牛奶单位是对脂肪和蛋白质含量进行了校正,参见术语中的脂肪和蛋白质校正乳（FPCM）。

3.2.3 生产者之间的排放强度差异很大

不仅对反刍动物产品，同时也对猪肉、鸡肉和鸡蛋而言，生产者之间的排放强度差异很大（图3）。从生产模式的内部和外部观察到，不同的农业生态条件、农业实践和供应链管理是这种差异的重要原因。在这种差异之内或在最高排放强度生产者与最低排放强度生产者的差距之间，有许多减排方案可以选择（详见第5章）。

3.3 主要排放源

饲料生产、加工和运输的排放量约占行业排放量的4%。饲料作物的施肥和牧场上粪便的堆积会排放大量的一氧化二氮，约占饲料排放量的一半（即行业总排放量的1/4）。饲料排放量的1/4（低于行业总排放量的10%）与土地利用变化（图4）有关。在饲料物中，草和其他新鲜粗饲料的排放量占总排放量的一半左右，主要来自于牧场上粪便的堆积和土地利用变化。饲料作物生产的排放量另占总排放量的1/4，其他所有饲料（作物副产品、作物秸秆、鱼粉和补充剂）的排放量占剩余的1/4（图4）。

肠道发酵是第二大排放源，占总排放量的40%左右。牛排放的肠道甲烷最多（77%），其次是水牛（13%）和小型反刍动物（10%）。

粪肥储存和加工（应用和堆积除外）排放的甲烷和一氧化二氮占行业排放量的10%。

能量消耗（直接或间接与化石燃料有关）时的排放大多与饲料生产和肥料生产有关。当沿着产业链相加时，能源使用的排放量占行业总排放量的20%（插文1）。

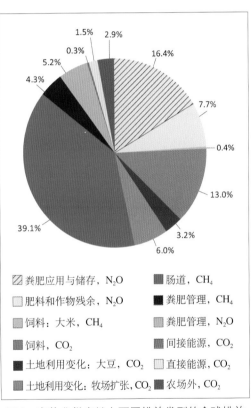

图4　畜牧业供应链上不同排放类型的全球排放

识别不同类型的饲料作物：二级作物（与人类消费质量标准不符的食物作物，用于喂养牲畜的饲料作物），没有关联产品的饲料作物（作为饲料种植的作物，如玉米、大麦），作物残余（来自食物和饲料作物的残余，如玉米秸秆、稻草）和来自粮食作物的副产品（来自食品生产和加工的副产物，如豆粕、麸皮）。箭头"非饲料产品"代表：饲料生产的排放量与其他行业相关。例如，由于排放完全来自家庭餐饮消费，在家庭养殖模式中用食物残余喂养猪的排放强度为零。同理，因为大部分排放量来自于主要产品（玉米粒），所以与作物残余（如玉米秸秆）相关的排放量很低。

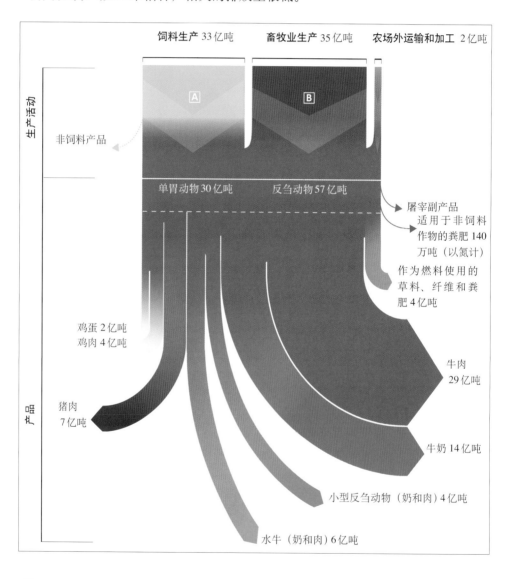

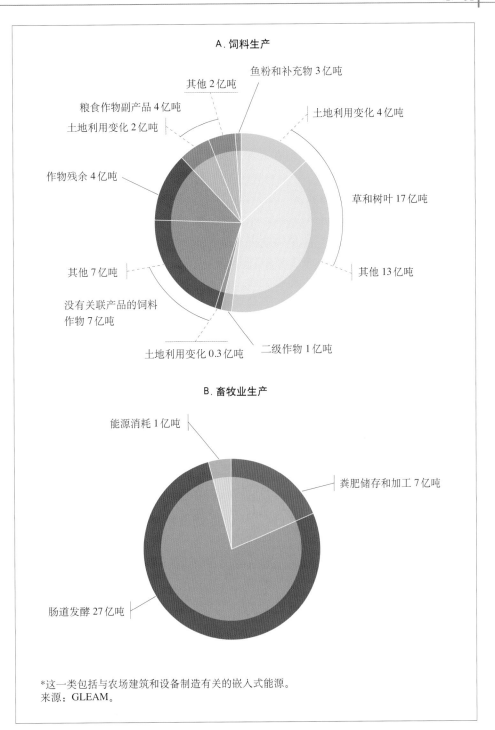

A. 饲料生产

鱼粉和补充物 3 亿吨

其他 2 亿吨

粮食作物副产品 4 亿吨
土地利用变化 2 亿吨

土地利用变化 4 亿吨

作物残余 4 亿吨

草和树叶 17 亿吨

其他 13 亿吨

其他 7 亿吨

没有关联产品的饲料
作物 7 亿吨

土地利用变化 0.3 亿吨

二级作物 1 亿吨

B. 畜牧业生产

能源消耗 1 亿吨

粪肥储存和加工 7 亿吨

肠道发酵 27 亿吨

*这一类包括与农场建筑和设备制造有关的嵌入式能源。
来源：GLEAM。

图 5 全球畜牧业供应链上不同生产活动和产品的温室气体排放

屠宰场副产品（例如内脏、皮肤、血液）没有排放。案例研究表明，副产品可使屠宰场总收入增加5%～10%，例如经济合作与发展组织国家的牛肉和猪肉（FAO，2013a，2013b）。鸡以外的家禽不包括在图中。

插文1　主要排放途径

大多数温室气体排放物主要来自四大过程：肠道发酵、粪肥管理、饲料生产和能源消耗。

肠道发酵产生的甲烷排放

反刍动物（牛、绵羊和山羊）在其消化过程中产生甲烷。在它们的胃里，微生物发酵可将碳水化合物分解成可被动物消化的简单分子。甲烷则是这一过程的副产品，不易消化的饲粮（即纤维）会导致摄入每单位能量时甲烷排放较高。如猪等非反刍动物也会产生甲烷，但相比于反刍动物要低得多。本评估包括牛、小型反刍动物和猪的肠道发酵，但不包括家禽类的肠道发酵。

粪肥管理的甲烷和一氧化二氮排放

粪肥中含有两种可在储存和加工过程中导致温室气体排放的化学成分：可转化为甲烷的有机物质和导致一氧化二氮排放的氮。甲烷从有机材料的厌氧分解中释放出来。这主要发生在粪肥以液体形式进行处理时，例如在深水泻湖或储罐中。在储存和加工过程中，氮大部分作为氨气被释放出来，随后可以被转化为一氧化二氮（间接排放）。

饲料生产、加工和运输时的二氧化碳和一氧化二氮排放

二氧化碳排放源于饲料作物和草场扩张侵占自然栖息地，导致土壤和植被中的碳氧化。同时还源于使用化石燃料生产化肥、加工和运输饲料。一氧化二氮的排放源于使用肥料（有机或合成）生产饲料，以及直接将粪便堆积在草场上，或者在粪便管理和田间施用粪肥的过程中。直接或间接的一氧化二氮排放量在此应用过程中会根据温度和湿度变化呈现差异，因此对其量化具有高度不确定性。

能源消费时的二氧化碳排放

能源消费贯穿了整个畜牧供应链，并产生二氧化碳排放。就饲料生产而言，能源消费主要与化肥生产和作物管理、收获、加工和运输等机械的使用有关。动物生产场所也会产生能源消费，包括直接的机械化作业或间接建造建筑物和设备。最后，畜产品的加工和运输也涉及能源消费。

在整个报告中，排放物类别按照下列方式显示在图例中：

• 饲料中一氧化二氮排放包括：

——肥料和作物残余，一氧化二氮排放来自于饲料作物施肥和作物残余的分解；

——粪肥的施用和堆积，一氧化二氮排放来自对饲料作物和牧草施用粪肥，或直接由动物排泄在牧草上；

• 饲料中二氧化碳排放来自于饲料的生产、加工和运输；

• 土地利用变化：大豆排放的二氧化碳来自为生产饲料而进行的农田扩张；

• 土地利用变化：牧场扩张的二氧化碳排放来自草场的扩张；

• 饲料：水稻排放的甲烷来自用作饲料的水稻种植；

• 肠道中甲烷的排放来自肠内发酵；

• 粪肥管理中甲烷的排放来自粪肥的储存和加工（不包括应用和堆积）；

• 粪肥管理中一氧化二氮的排放来自粪肥的储存和加工（不包括应用和堆积）；

• 直接能源的二氧化碳排放来自动物生产单位（采暖、通风等）的能源使用；

• 间接能源的二氧化碳排放来自动物生产设施和设备的建造；

• 农场外的二氧化碳排放来自生产和零售点之间的畜产品加工和运输。

3.4　不同地区的排放

区域排放和生产情况差异很大（图6）。这些差异是由于反刍动物或单胃动物在畜牧总产品中各自所占份额以及各地区各产品之间的排放强度差异所导致。

拉丁美洲和加勒比地区的排放量最高（近13亿吨），这主要由肉牛生产推动。尽管近年来土地利用变化减少，但是由于用作饲料生产的牧场和农田扩张，土地利用变化仍是导致该地区二氧化碳排放量较高的重要因素。

作为牲畜产量最高且牛肉和猪肉排放强度相对较高的地区，东亚的排放量位居第二位（超过10亿吨）。

北美洲、西欧的温室气体排放总量（超过6亿吨）、蛋白质产量大体相当，但排放结构有所不同。在北美洲，近2/3的排放来自具有高排放强度的牛肉生产。相比之下，西欧的牛肉主要产自排放强度较低的奶牛群（见第4章）。由于北美洲地区一般用排放强度较低的饲料，其鸡肉、猪肉和牛奶的排放强度低

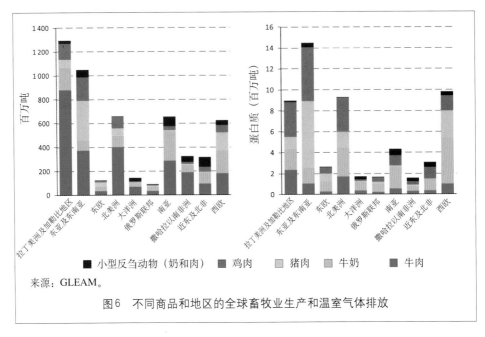

来源：GLEAM。

图6 不同商品和地区的全球畜牧业生产和温室气体排放

于西欧。

　　南亚的行业总排放量与北美洲和西欧的排放量大体相当，但其蛋白质产量仅为这些地区的一半。由于排放强度较高，反刍动物的排放量占比较大。同理，虽然蛋白质产量低，但撒哈拉以南非洲地区的排放量仍然很大。

4　不同物种的排放

摘　要

肠道发酵和饲料生产是反刍动物的主要排放来源。

奶牛肉的排放强度普遍低于肉牛肉的排放强度。这是由于在乳畜群中繁殖动物的排放量被分担给了牛奶和肉类，而在肉牛群的排放只能分给肉类。

由于饲料消化率低、畜群管理效率不高和繁殖性能低，所以在生产力低的模式中，牛肉和牛奶的排放强度较高。高产量模式依赖于高排放强度的饲料，因而单胃物种的排放强度与生产力之间的关系并不明确。

在拉丁美洲和加勒比地区，牛肉生产排放量的1/3与牧场扩张到森林地区有关。

在猪肉和家禽供应链中，排放量主要来源于饲料生产，而此种饲料生产使用的饲料排放强度较高。在猪肉和鸡蛋生产中，粪便储存和加工也是重要的排放源。

与能源消费有关的排放占猪肉和家禽供应链排放量的40%。

在猪肉生产中，拥有最低排放强度的是依靠低排放饲料的家庭模式，以及将饲料转化为动物产品时最有效的工业系统。

与其他畜牧产品相比，鸡肉和鸡蛋的排放强度较低。

在畜牧生产模式中，一氧化二氮、甲烷和二氧化碳的排放其实是氮、能源和有机物的流失，这将会降低生产单位的效率和生产力。

本章概括分析了不同动物物种的排放量。FAO（2013a，2013b）提供了一个完整且详细的分析，包括详细的敏感性分析和与其他研究结果的比较分析（插文2）。

4.1 牛

来自牛的温室气体排放量约占畜牧业排放量的65%（46亿吨），这使牛成为行业总排放量的最大贡献者。牛肉生产排放量为29亿吨，占总排放量的41%；而奶制品排放量为14亿吨，占总排放量的20%。[⑨]其他商品和服务的排放量，如动物畜力和用作燃料的粪便的排放量为3亿吨（图10）。在南亚和撒哈拉以南非洲，畜牧业提供的这些商品和服务尤其重要，约占排放量的25%。

对于牛奶而言，平均排放强度为每千克脂肪和蛋白质校正乳[⑩]2.8千克。对于牛肉而言，平均排放强度为每千克胴体46.2千克。

4.1.1 主要排放源：肠道发酵和饲料施肥

肠道发酵是牛的主要排放源，相关排放量达到11亿吨，分别占乳制品和牛肉供应链总排放量的46%和43%（图7至图10）。

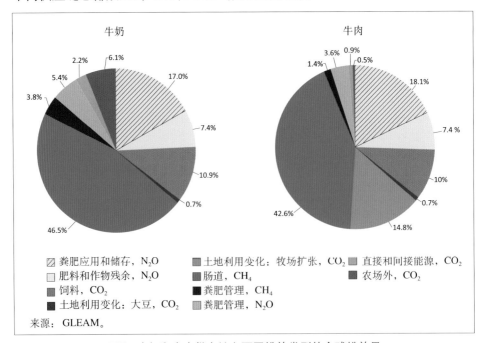

图7　牛奶和牛肉供应链上不同排放类型的全球排放量

---

⑨　除非另有说明，牛肉包括奶牛肉和肉牛肉。

⑩　通过对牛奶中脂肪和蛋白质的校正标准化，以解释牛奶生产中的异质性。

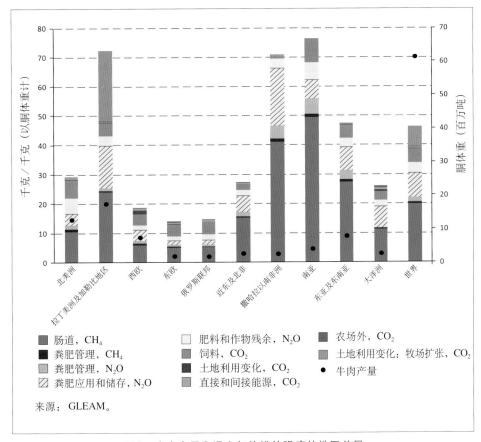

图8 牛肉产量和温室气体排放强度的地区差异

饲料排放，包括来自牧场管理的排放，是排放的第二大类，约占牛奶和牛肉排放量的36％。一氧化二氮的排放主要来源于饲料作物施肥。当牧场扩张引起的排放量增加时，饲料排放量占肉牛系统排放量的一半以上；乳制品系统的排放通常与牧场扩张无关。

饲料供应链中使用能源时的二氧化碳排放量约占总排放量的10％。在牛肉生产中，来自农场管理和加工过程的能源消耗的排放量可以忽略不计，在乳制品生产中，其排放量也有限，约为8％。

4.1.2 肉牛群的排放强度较高

奶牛群生产牛肉和肉牛群生产牛肉之间的排放强度存在明显差异：肉牛群的牛肉排放强度几乎是奶牛群牛肉排放强度的4倍（每千克胴体排放量分别为68千克、18千克，表5）。

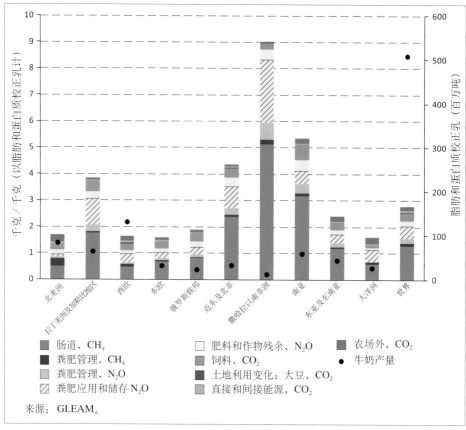

来源：GLEAM。

图9　牛奶产量和温室气体排放强度的地区差异

表5　全球牛奶和牛肉的产量、排放量和排放强度

畜群	模式	产量（百万吨）		排放量（百万吨）		排放强度［千克／千克（以胴体重计）］	
		奶[1]	肉[2]	奶	肉	奶[1]	肉[2]
奶牛	放牧	77.6	4.8	227.2	104.3	2.9[3]	21.9[3]
	混合	430.9	22.0	1 104.3	381.9	2.6[3]	17.4[3]
	乳制品合计	508.6	26.8	1 331.1	486.2	2.6[3]	18.2[3]
肉牛	放牧		8.6		875.4		102.2[3]
	混合		26.0		1 462.8		56.2[3]
	牛肉合计		34.6		2 338.4		67.6[3]
收获后排放[4]			87.6		12.4		
合计		508.6	61.4	1 419.1	2 836.8	2.85[5]	46.25[5]

1.产品：脂肪和蛋白质校正乳。
2.产品：胴体重。
3.不包括收获后的排放。
4.在商品和国家层面计算所得。
5.包含收获后的排放。

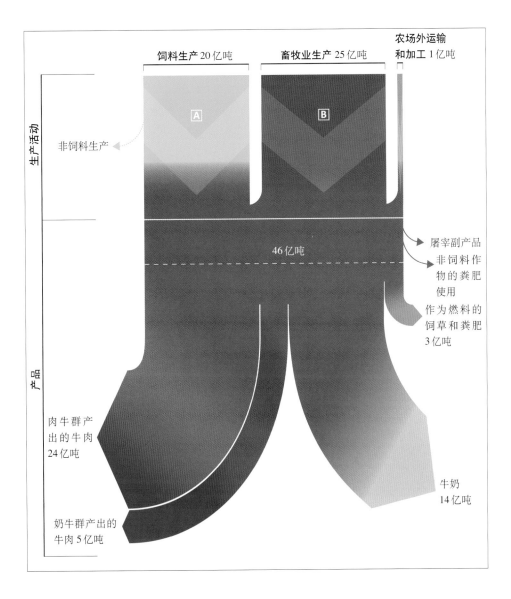

饲料生产 20 亿吨

畜牧业生产 25 亿吨

农场外运输和加工 1 亿吨

生产活动

非饲料生产

A

B

产品

46 亿吨

屠宰副产品

非饲料作物的粪肥使用

作为燃料的饲草和粪肥 3 亿吨

肉牛群产出的牛肉 24 亿吨

奶牛群产出的牛肉 5 亿吨

牛奶 14 亿吨

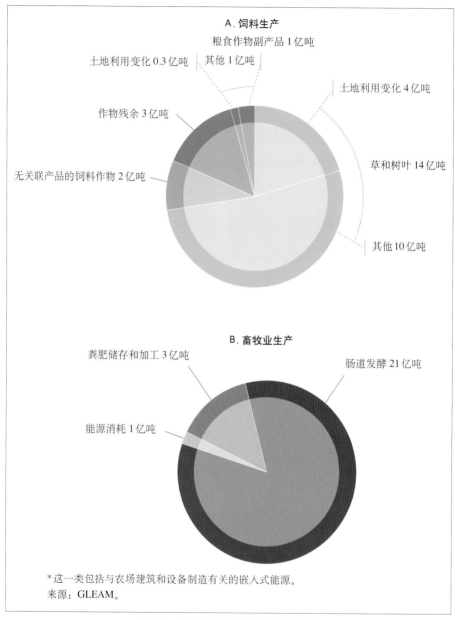

A. 饲料生产

粮食作物副产品 1 亿吨

土地利用变化 0.3 亿吨　其他 1 亿吨

作物残余 3 亿吨

无关联产品的饲料作物 2 亿吨

土地利用变化 4 亿吨

草和树叶 14 亿吨

其他 10 亿吨

B. 畜牧业生产

粪肥储存和加工 3 亿吨

肠道发酵 21 亿吨

能源消耗 1 亿吨

*这一类包括与农场建筑和设备制造有关的嵌入式能源。
来源：GLEAM。

图10　牛供应链上的全球排放流程

这个差异主要是因为奶牛群同时生产牛奶和肉类，而肉牛群主要生产牛肉。因此，奶牛群的排放量归因于牛奶和肉类，而肉牛群的排放量则归因于肉类。在这两种情况下，其他商品和服务的排放量有限，如畜力和用作燃料的粪便。

仔细观察排放结构发现，繁殖动物（种畜）的排放也解释了这一差异：当仅考虑育肥动物时，肉牛和多余奶犊牛之间每千克胴体重的排放强度大体相当。此外，肉牛群中繁殖牛群的排放量占69%，奶牛群中繁殖牛群的排放量占52%。

由于饲料质量和牧群管理的差异，放牧模式的排放强度通常比混合模式要高。[11] 同时，土地利用变化的排放量与牧场扩张息息相关，所以在拉丁美洲和加勒比地区放牧模式中肉牛群的平均排放强度特别高。放牧和混合模式之间的排放强度差异对于奶牛肉而言没那么明显，对于牛奶而言可以忽略不计。

4.1.3　低生产力模式中的排放强度更高

（1）牛肉生产

在南亚、撒哈拉以南非洲、拉丁美洲和加勒比以及东亚和东南亚地区，牛肉排放强度最高（图8）。高排放强度主要是由较低的饲料消化率（导致更高的肠道和粪肥排放）、较差的畜牧管理、较低的屠宰重量（较慢的生长速度导致每千克肉类产生的排放量增加）和高龄屠宰（高龄导致更多的排放）而造成的。

在拉丁美洲和加勒比地区，据估计牛肉生产时1/3的排放量 [24千克/千克（以胴体重计）] 来自于牧场向森林地区的扩张。鉴于影响土地利用变化排放量（第2章）的众多方法和数据的不确定性（FAO，2013a，2013b），这一估计比较谨慎。

如上所述，欧洲大约80%的牛肉是由奶牛（剩余犊牛和扑杀母牛）生产的，因此其排放强度降低。

（2）牛奶生产

一般来说，世界工业化区域的牛奶生产排放强度最低（低于每千克牛奶1.7千克，而区域平均值高达每千克牛奶 9 千克）。更好的动物饲养和营养会减少甲烷和粪肥排放量（释放较低的氮和挥发性固体）。更高的牛奶产出水平意味着奶牛的新陈代谢有利于产奶和繁殖，而不利于身体维护，这有助于降低排放强度。在生产力低的地区，肠道发酵是主要的排放源。在工业化区域，饲料生产与加工以及粪肥合在一起是和肠道发酵同等重要的排放源。

在北美洲，粪肥管理的排放量相对较高，平均来说，乳制品行业27%的粪肥在液态系统中得到处理，同时会产生更多的甲烷排放物。

4.2　水牛

来自水牛生产（肉类、牛奶及其他产品和服务）的温室气体总排放量占

---

⑪　混合和放牧系统的确定依据为动物饲料和农产品的混合产量（见第2章）。

该行业排放量的9%。总量为6.18亿吨,其中3.90亿吨来自牛奶生产,1.8亿吨来自肉类生产,其他商品和服务排放量为4 800万吨,如用作燃料的粪便和畜力(表6)。

表6 全球水牛奶和水牛肉的产量、排放量和排放强度

模式	产量（百万吨）		排放量（百万吨）		排放强度[千克/千克（以胴体重计）]	
	奶[1]	肉[2]	奶	肉	奶[1]	肉[2]
放牧	2.7	0.1	9.0	4.7	3.4[3]	36.8[3]
混合	112.6	3.2	357.9	175.2	3.2[3]	54.8[3]
收获后排放[4]			23.0	0.3		
合计	115.2	3.4	389.9	180.2	3.4[4]	53.4[5]

1.产品:脂肪和蛋白质校正乳。
2.产品:胴体重。
3.不包括农场外的排放。
4.在商品和国家层面计算所得。
5.包含农场外的排放。

4.2.1 主要排放源:肠道发酵和饲料施肥

水牛肉和牛奶生产的排放量有超过60%来自于肠道发酵,而牛的这一比例为45%,造成这种差异的原因是饲料消化率普遍较低(图11)。

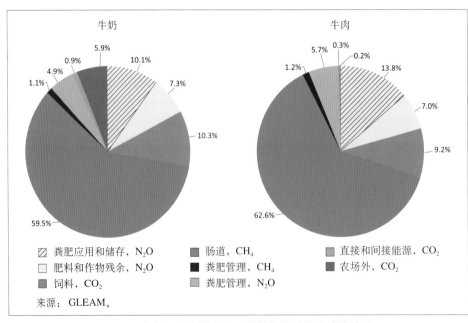

图11 水牛奶和肉供应链不同排放类型的全球排放量

饲料作物的施肥是第二大排放源，用于生产奶的饲料作物施肥排放量占17%，用于肉类生产的排放量占21%。

由于在牧场不断扩大的地区缺乏水牛，以及将大豆产品用作口粮也有限，水牛生产源自土地利用变化的排放量接近于零。

4.2.2 地域集中生产

水牛产地集中在南亚、近东、北非以及东亚和东南亚地区，仅南亚地区的水牛奶和水牛肉产量即高达全球水牛奶和水牛肉的90%和70%。东亚和东南亚地区的水牛肉产量占20%；其他地区的肉类和牛奶产量有限（图12、图13）。

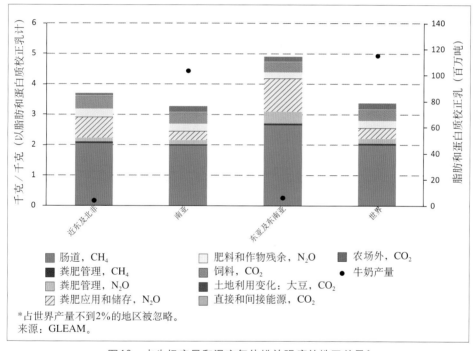

图12 水牛奶产量和温室气体排放强度的地区差异*

（1）牛奶生产

约80%的水牛奶是在半干旱气候的混合模式中生产出来的。在东亚和东南亚，牛奶的平均排放强度范围从南亚的每千克脂肪和蛋白质校正乳排放3.2千克到东南亚的4.8千克。南亚的牛奶生产排放强度最低，这说明其产出水平较高。

（2）肉类生产

70%的水牛肉来自干旱地区的放牧和混合模式，其排放强度也最低。

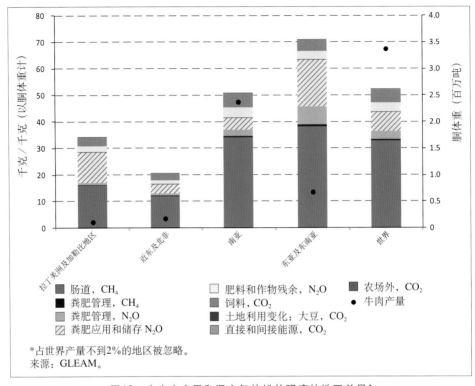

图13　水牛肉产量和温室气体排放强度的地区差异*

不同地区间水牛肉生产的排放强度范围包括从近东和北非地区的每千克胴体排放21千克，到东亚和东南亚的每千克胴体排放70.2千克。饲料资源不足和繁殖效率较低导致动物生产力不高，使得东亚和东南亚的水牛肉生产排放强度特别高。

插文2　全球畜牧业供应链上不同生产活动和产品的温室气体排放

识别不同类型的饲料作物：二级作物（与人类消费质量标准不符的粮食作物，用于喂养牲畜的饲料作物），没有关联产品的饲料作物（作为饲料种植的作物，例如玉米、大麦），作物残余（来自食物和饲料作物的秸秆，例如玉米秸秆、稻草）和来自粮食作物的副产品（来自食品生产和加工的副产品，例如大豆饼、麸皮）。箭头"非饲料产品"代表饲料生产的排放量还与其他行业相关。例如，由于排放完全来自家庭餐饮消费，在家庭养殖模式中用食物残渣喂养猪的排放强度为零。同理，因为大部分排放量归因于主要产品（玉米粒），所以与作物残余（如玉米秸秆）相关的排放量很低。

屠宰场副产品（例如内脏、皮肤、血液）没有排放物。案例研究表明，副产品可使屠宰场总收入增加5%～10%，例如经济合作与发展组织国家的牛肉和猪肉（FAO，2013a，2013b）。

4.3 小型反刍动物

小型反刍动物排放量达到4.75亿吨，约占该行业全球排放总量的6.5%，其中2.99亿吨是肉类生产排放的，1.3亿吨为牛奶生产排放的，4 600万吨是其他商品和服务排放的（图14）。

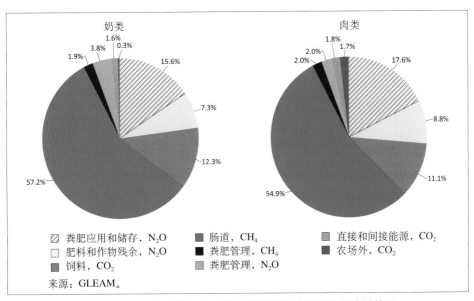

图14 小型反刍动物奶和肉供应链不同排放类型的全球排放量

与绵羊奶相比，山羊奶的排放强度较低（表7），这是因为其产出水平较高。[12] 小型反刍动物肉类的平均排放强度为23.8千克/千克（以胴体重计），绵羊肉与山羊肉之间无显著差异。

---

⑫ 脂肪和蛋白质校正乳。

表7 全球小型反刍动物产品的产量、排放量和排放强度

种类	模式	产量（百万吨）		排放量（百万吨）		排放强度[千克／千克（以胴体重计）]	
		奶[1]	肉[2]	奶	肉	奶[1]	肉[2]
绵羊	放牧	3.1	2.8	29.9	67.3	9.8	23.8[3]
	混合	5.0	4.9	37.1	115.0	7.5	23.2[3]
	绵羊合计	8.0	7.8	67.1	182.4	8.4	23.4[3]
收获后排放				0.3	4.1		
山羊	放牧	2.9	1.1	17.7	27.2	6.1[3]	24.2[3]
	混合	9.0	3.7	44.3	84.5	4.9[3]	23.1[3]
	山羊合计	11.9	4.8	62.0	111.7	5.2[3]	23.3[3]
收获后排放[4]				0.4	1.0		
合计		20.0	12.6	129.8	299.2	6.5[5]	23.8[5]

1.产品：脂肪和蛋白质校正乳。
2.产品：胴体重。
3.不包括农场外的排放。
4.在商品和国家层面计算所得。
5.包含农场外的排放。

4.3.1 主要排放源：肠道发酵和饲料施肥

与水牛类似，小型反刍动物的肉奶生产所产生的温室气体排放中55%以上来自肠道发酵（图14），35%以上的排放来自饲料生产。与水牛和牛相比，由于其加工较少，所以农场外能源消耗较少。其粪便主要储存在牧场（图15），粪便排放量也较低。

4.3.2 生产主要集中在较不发达且排放强度较高的地区

除了西欧的牛奶和大洋洲与西欧的羊肉，小型反刍动物生产在较不发达的地区通常更为重要（图15、图16）。

4.3.3 纤维生产在排放量中的占比较大

小型反刍动物不仅生产食用产品，还生产包括羊毛、羊绒和马海毛等重要副产品。采用相对经济价值来划分食用产品（肉类和牛奶）与不可食用产品（天然纤维）。在天然纤维生产占比较重且具有较高经济价值的地区，大部分排放可归因于这些产品，而牛奶和肉类生产产生的排放所占比重则有所减少。全球纤维生产产生的排放共有4 500万吨（图17）。

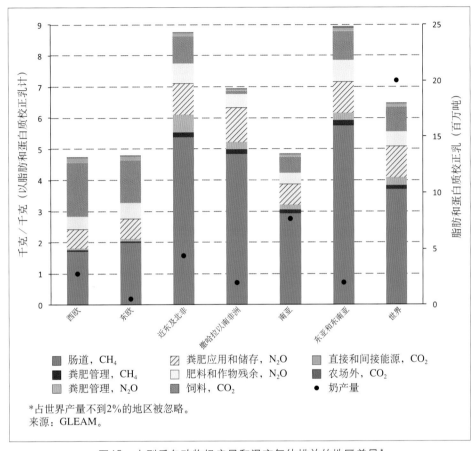

图15 小型反刍动物奶产量和温室气体排放的地区差异*

4.4 猪

据估计，全球范围内猪肉生产的温室气体排放量约为6.68亿吨，占畜牧业总排放量的9%。

4.4.1 主要排放源：饲料生产和粪便

饲料生产排放量占总排放量的48%。土地利用变化（用于饲料生产的大豆扩张）所产生的排放量占12.7%（图18）。与肥料生产以及用于饲料生产的机械设备和运输有关的排放量约占27%。合成肥料（排放一氧化二氮）和粪肥的排放量约为17%。

粪便的储存和处理是第二大排放源，占排放量的27.4%。大多数粪便的排放是以甲烷的形式（19.2%，主要来自温暖气候下的厌氧储存系统）；其

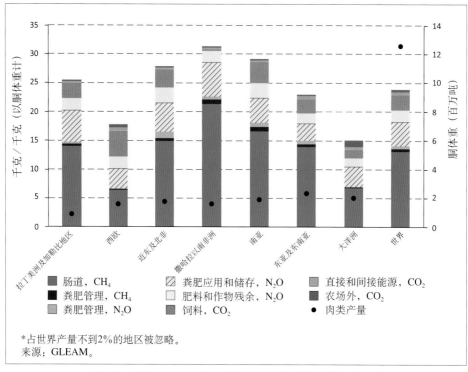

*占世界产量不到2%的地区被忽略。
来源：GLEAM。

图16　小型反刍动物肉产量和温室气体排放的地区差异*

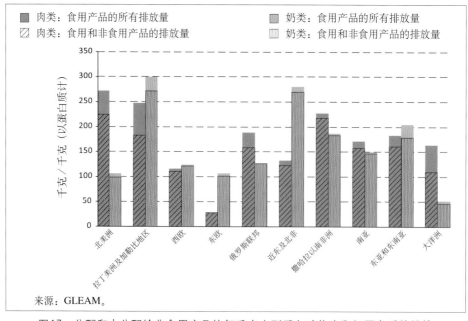

来源：GLEAM。

图17　分配和未分配给非食用产品的每千克小型反刍动物肉和奶蛋白质的排放

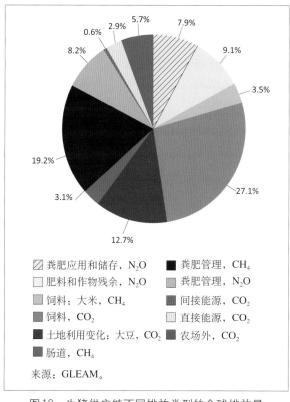

图18　生猪供应链不同排放类型的全球排放量

余排放为一氧化二氮（8.2%）。来自加工和运输的农场外排放量占温室气体总排放量的比例适中（5.7%）。

农场能源消耗所产生的排放仅占3.5%。然而，当将农场外活动和饲料生产所消耗的其他能源包含在内时，总体能源消耗的排放量约占1/3。

4.4.2　家庭模式的排放强度最低

在全球范围内，各生产模式之间的排放强度差异并不显著。中级模式[13]的平均排放强度最高，其次是工业模式和家庭模式。然而，工业模式的总产量和总排放量均占比较大（表8）。

由于生产每千克肉排放较多的固体挥发物和氮，家庭模式中粪便的排放量较高，这是由低质量饲料的低转化率[14]造成的。然而，因为低质量饲料具有较低的排放量，家庭模式中粪便的较高排放量被较低的饲料排放所抵消。

因为饲料转化率较低，且动物口粮配给中水稻产品所占的份额较高，中级模式的排放强度一般高于工业化模式。大部分中级模式位于水稻产区，并使用稻米副产品作为饲料（东亚和东南亚）；水稻生产排放出甲烷，其排放强度高于其他谷类产品。排放强度较高也与厌氧储存系统中的粪肥储存有关，因为这会导致更多的甲烷排放。

---

[13]　根据动物口粮配给和市场一体化水平来确定养殖模式（见第2章）。
[14]　饲料转化率为生产每千克肉类所使用的饲料（千克）。饲料转化率是饲料利用效率的指标，主要由饲料质量、动物遗传、动物健康和畜牧管理措施决定。

表8 全球猪肉的产量、排放量和排放强度

模式	产量 （百万吨）	排放量 （百万吨）	排放强度 ［千克／千克（以胴体重计）］
家庭	22.9	127.5	5.6
中级	20.5	133.9	6.5
工业化	66.8	406.6	6.1
合计	110.2	667.9	6.1

4.4.3 饲料排放强度：区域差异的影响因子

全球猪群生产具有地域集中性主要是因为文化偏好。东亚、欧洲和美洲三个地区的产量占95%（图19）。通过日益增加进口饲料，这种靠近消费区域的地理集中性始终保持不变。

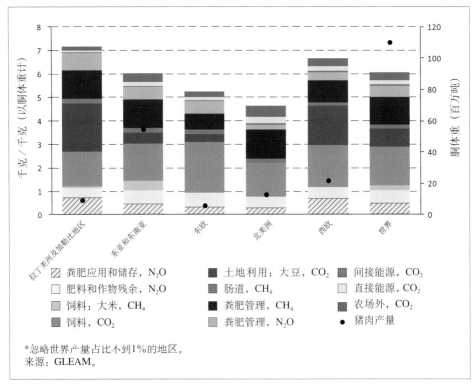

图19 猪肉产量和温室气体排放强度的地区差异*

排名前五的生产区域每千克胴体重的排放强度在4.6 ～ 7.1千克。

区域差异主要是由饲料配比、动物生产力和气候造成的。在东亚和东南亚，受当地的粪便储存系统类型和气候条件影响，来自粪便的排放相对较多。

在欧洲、拉丁美洲及加勒比地区，高排放强度的部分原因是过去20年来土地利用发生变化的地区采用豆粕饲养。

4.5 鸡

全球鸡供应链的温室气体排放量为6.06亿吨，占该行业排放量的8%。

4.5.1 主要排放源：饲料生产（施肥、机械的使用和运输）

在鸡肉和鸡蛋供应链的排放量中，饲料生产排放量所占比例为57%，另有21.1%与肉类生产的大豆种植扩张相关，12.7%与鸡蛋生产的大豆种植扩张相关（图20）。平均来说，肉鸡口粮配给中含有比较丰富的蛋白质，包括来自土地利用转换地区的大豆的比例较高。

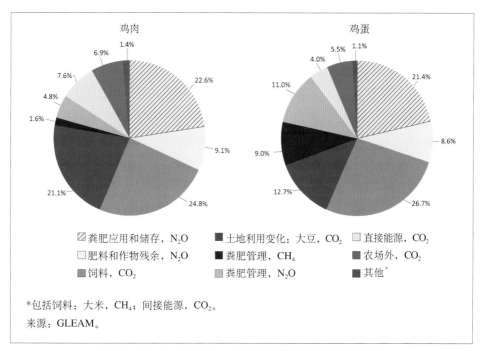

*包括饲料：大米，CH_4；间接能源，CO_2。
来源：GLEAM。

图20 鸡肉和鸡蛋供应链上不同排放类型的全球排放量

粪便排放占鸡蛋生产排放量的20%，但只占肉鸡生产的6%。这是因为不同的管理模式：来自肉鸡的粪便大部分在干燥、有氧的条件下进行管理，而母鸡的粪便通常在可长期窖存的液态系统中进行管理。

能源消耗的排放包括直接能源、饲料中的二氧化碳和农场外的二氧化碳排放，占总排放量的35%～40%。

4.5.2 降低工业化模式的排放强度

鸡生产模式主要有三种类型：既生产鸡肉也生产鸡蛋的家庭模式和工业化模式，以及只生产鸡肉的工业化肉鸡模式。[15]

尽管工业化肉鸡模式生产鸡肉的量占鸡肉总产量的90%以上，但其排放强度是最低的（表9）。同样，集约化管理模式养殖母鸡的鸡蛋产量占总产量的85%以上，但其排放强度低于家庭模式鸡蛋的排放强度。家庭模式的排放强度较高，但其温室气体排放量却低于10%。家庭模式的生产规模较小，动物成长缓慢且母鸡的产蛋量也低于工业化模式。

家庭模式排放强度较高的原因有以下几点：首先，由于饲料质量相对较差且母鸡要消耗能量觅食，所以后院系统中的母鸡饲料转化率较差。其次，由于家庭模式中死亡率较高（主要是因为疾病和捕食）和生育率较低，其非生产性动物比例较高（家庭养殖中约占10%，肉鸡群中占4%，蛋鸡群中占1%）。同时，由于较低的饲料转化率（饲料氮转化为一氧化二氮排放的转化率较高），家庭模式中一氧化二氮的排放强度也较高。

表9 鸡肉和鸡蛋的全球产量、排放量和排放强度

模式	产量 （百万吨）		排放量 （百万吨）		排放强度 [千克／千克（以胴体重计）]	
	蛋	肉[1]	蛋	肉	蛋	肉[1]
家庭	8.3	2.7	35.0	17.5	4.2	6.6
蛋鸡	49.7	4.1	182.1	28.2	3.7	6.9
肉鸡		64.8		343.3		5.3
合计	58.0	71.6	217.0	389.0	3.7	5.4

1.产品：胴体重。

4.5.3 排放强度类似的前三个产区

拉丁美洲及加勒比地区、北美地区、东亚和东南亚地区是鸡肉的主要产区，东亚和东南亚地区也是鸡蛋的主要产区（图21、图22）。这三个产区的平均排放强度相当，这表明生产模式相对标准化和技术水平相近。然而，由于良好的饲料转化率和低排放强度的饲料（每千克饲料干物质排放约1千克），北美地区生产系统的排放强度通常稍低。采购森林砍伐地区高排放强度的饲料导致西欧、拉丁美洲及加勒比地区的排放强度较高。在东亚和东南亚地区，较低的饲料转化率和更多的粪便厌氧储存使得其排放强度比北美地区高。

---

[15] 根据动物口粮配给和市场一体化水平来确定养殖模式（见第2章）。

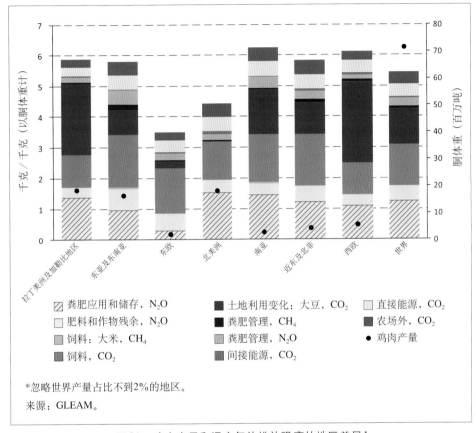

图21 鸡肉产量和温室气体排放强度的地区差异*

4.6 交叉观测

4.6.1 温室气体排放和自然资源利用效率

对气象学家来说，甲烷、一氧化二氮和二氧化碳是释放到大气中的温室气体。然而，对于畜牧业生产者来说，这些排放物是能源、营养和土壤有机物的流失。这些排放物通常反映了初始投入和资源的无效使用。这些流失破坏了效率以及供应链的经济活力。

（1）甲烷

肠道甲烷排放意味着生产系统的能量流失：被以饲料形式吸收的部分能量又以甲烷的形式流失，而不是被动物吸收并用于生产。畜牧生产者努力生产饲料或将动物带至牧场，饲料通常是混合和集约化模式中的主要生产成本。因此，以甲烷的形式浪费了一部分饲料能源，这不仅是一个气候变化问题，而且

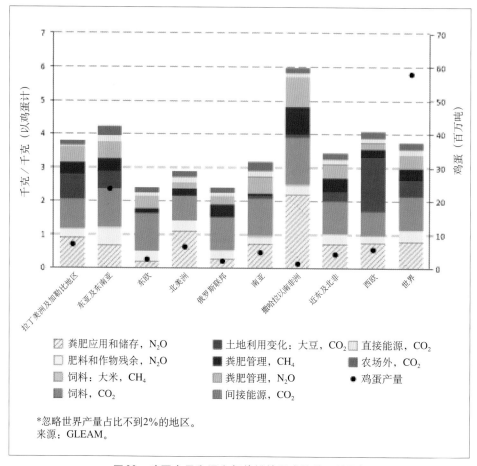

图22　鸡蛋产量和温室气体排放强度的地区差异*

还损害了生产。此外，饲料生产调用了水、土地、化石燃料、岩磷等自然资源，其浪费也不利于环境的可持续发展。

同样，粪便中的甲烷排放是能量流失的另一种形式，但将粪便注入沼气池时能量流失便可以恢复。

畜牧业的肠道甲烷排放总量是每年27亿吨，或每年1.44亿吨石油当量，大约相当于南非的能源使用量（世界银行，2013）。粪便甲烷的年排放总量为3亿吨，或每年1 600万吨石油当量，大约相当于爱尔兰的能源使用量。

虽然粪便中的大部分甲烷排放可以被恢复，但目前的技术水平只能避免部分肠道甲烷的流失。然而，这些数字给人的印象只是损失的大小，并没有摆脱生产者，提高饲料的能源效率是使用膳食脂质的主要论据，且肠道排放的减少被视为共同受益。

（2）一氧化二氮

一氧化二氮排放，无论是直接或间接的氨气流失都是氮流失的一种形式。氮是植物的常量营养素，是提高产量的关键。向植物（以粪便或合成肥料的形式）提供活性氮并通过农业实践措施保存土壤中的氮，对生产者来说成本非常高昂。它们还包括高层次的化石燃料消耗。

粪便储存和加工中的一氧化二氮排放量以及在作物和牧草上施用肥料时的一氧化二氮排放量，约含300万吨的氮。这可以归因于畜牧业的饲料（作物和牧场）生产（FAO，2006），使其约占矿物氮肥用量的15%。

其余氮的流失是以氨气和氮氧化物的形式排放到大气中，及以可溶形式的氮渗入地下水中。虽然后者在此评估中没有被量化，但是估计氨气和氮氧化物的排放占氮损失的大部分：对作物和牧草施用粪肥时排放的氨气和氮氧化物以及在粪便储存和处理时排放的氨气和氮氧化物估计分别为2600万吨氮和1700万吨氮。虽然这些排放没有对气候变化产生影响，但是这些排放也产生了其他环境问题，如自然栖息地的酸化和富营养化。

（3）二氧化碳

二氧化碳排放与化石燃料消耗和土地利用活动有关。

现场的能源消耗通常在生产成本结构中微不足道，但是在某些情况下可能会很高，例如在集约化牛奶生产模式中。通过采用更好的管理实践措施（如维护设备和运行时间）及节能设备（如热泵和热隔离）可以改善能源利用效率，从而减少农场和植物加工的排放和能源成本。

有机质是土壤中碳的主要形式，其具有多种功能。从农业的角度来看，其作为"循环营养基金"及改善土壤结构、维持耕作和减少侵蚀的媒介十分重要（FAO，2005）。当饲料生产中不当的农业措施或是牧草退化造成有机质流失时，土地的生产力会逐渐下降。

4.6.2 土地利用和土地利用变化的排放十分重要但鲜为人知

据估计，土地利用变化对畜牧业的温室气体排放总量贡献了9.2%（其中6%来自牧场扩张，其余来自饲料作物扩张）。

虽然从全球和所有物种的平均水平看土地利用变化排放相对有限，但一些特定供应链和区域的土地利用变化排放量明显更高。牛肉生产（与牧场扩张有关）占15%，鸡肉生产（与大豆扩张有关）占21%。由于大豆的国际贸易量大，拉丁美洲及加勒比地区的大豆扩张产生的排放实际上是由于世界各地的生产单位使用从该地区进口的豆粕。这不同于牧场扩张，其产生排放完全归因于当地生产。因此，拉丁美洲及加勒比地区土地利用变化排放为每千克牛肉排放24千克，占总排放量的33%。

土地利用变化的驱动因素、相关排放的来源，以及可用于计算土地利用变化排放的方法仍然受到高度争议。

如上所述，本报告遵循政府间气候变化专门委员会的指导原则（IPCC，2006），并在就结果进行部分敏感性分析的框架下，对三种替代方法进行了测试。针对阿根廷土地利用变化排放量的计算结果为每千克豆粕排放量在0.3～4.2千克，巴西的计算结果为每千克豆粕排放量在3.0～7.7千克（数值来自于IPCC方法分析的结果，评估中阿根廷和巴西采用的数值分别为0.9和7.7）。

由于缺乏全球数据和模型，本研究无法估计持续实施土地利用管理措施过程中，土壤碳储量的变化。然而，在欧盟数据可用的情况下，简化后的减排效应在欧盟的案例中得到了评估（Soussana等，2010）。欧洲永久性草原每年可以储存碳（310±1 880)万吨 [或每年（1 140±6 900）万吨]，相当于欧盟反刍动物部门年排放量的3%（±18%）。因此，在稳定的管理措施下，永久性牧场中的碳净固存（净排放）可能较为明显，但是计算参数的不确定性使得无法确定永久性牧场是否是净储存池或排放源。在永久性牧场更加普遍和碳固存更高的世界其他地区（如非洲、拉丁美洲及加勒比地区），土地利用排放的相对重要性甚至可能会更高。

然而，要将这一排放类别纳入全球评估中（FAO，2013b），需要更好地了解草原上土壤有机碳的不断变化，以及开发监测和预测碳固存变化的方法和模型。

4.6.3　生产力与排放强度之间的相关性

（1）反刍动物

在反刍动物生产中，生产力和排放强度之间存在很强的关系——达到相对较高的生产力水平时，随着产出水平的增加，排放强度会降低。

Gerber等（2011）通过牛奶阐述这种关系，说明了生产力差异如何解释国家间排放强度的变化。图23强调了每头母牛的产出与每单位产品产量的排放强度之间的强关联性。

在每个哺乳期，产奶水平更高的动物通常表现出较低的排放强度，主要原因有三：首先，排放量分散在更多的牛奶上，因此稀释了相同数量动物的排放量。其次，因为生产力的提高通常是通过改进措施和技术来实现的，这些措施和技术也有助于减少排放，如高质量的饲料和优异的动物基因组。最后，因为生产力提高是通过畜群管理、动物健康和饲养方法来实现的，而这些措施通常会增加用于生产目的的资源比例，而不仅仅是用于维护动物。这就会导致产出每单位牛奶所需的动物数（在泌乳和替代群体中）减少。因此，在个体和奶牛群体上，单位牛奶的排放都有所下降。

因此，在低产反刍动物生产系统中存在巨大的减排潜力。提高动物和畜群的生产力可在降低排放强度的同时增加牛奶产量。

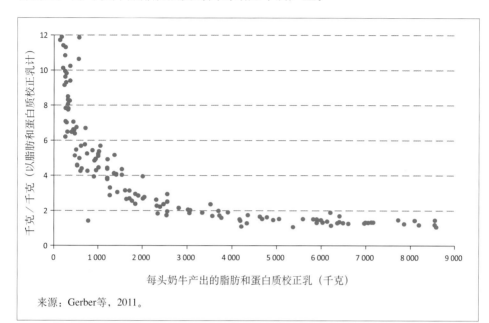

每头奶牛产出的脂肪和蛋白质校正乳（千克）

来源：Gerber等，2011。

图23   牛奶生产力和排放强度之间的关系（国家平均值）

（2）单胃动物

生产效率的提高与排放量之间的关系表明了单胃动物的不同模式。

在猪的生产中，生产集约化与排放强度之间遵循一种倒U形关系（图24）。在生产力较低的范围，家庭模式的排放强度较低。饲料配给主要由废弃物和排放强度低的副产品组成，这会弥补由于营养失衡和消化率低造成的单位产品粪便排放量较高的问题。相比之下，生产力高的工业化模式在全球平均水平上比家庭模式的排放强度略高。工业化模式优化了饲料转化率，但受到所依赖饲料（由能源消耗和土地利用变化驱动）排放强度相对较高的限制。最高排放强度存在于中间模式中，其饲料排放强度相对较高且饲料转化率处于中等水平。粪便排放强度的多样性，与养殖模式无关，而与当地粪便管理措施和气候有关，这进一步模糊了生产力与排放强度之间的关系。

家庭模式产出水平的提高，要受这些模式所依赖的可用饲料物质的限制。但是，对中级模式进行升级以提高畜群效率，却有很大的减排潜力。此外，还可以通过改变独立于生产系统的粪肥存储、加工和应用措施，以减少排放。

对于鸡的生产而言，肉鸡和蛋鸡的排放强度低于肉蛋兼产的家庭模式。在集约化养殖模式中，饲料排放量占比约75%，所以这些模式间排放强度的差异性大部分可以由饲料的类型和来源解释。

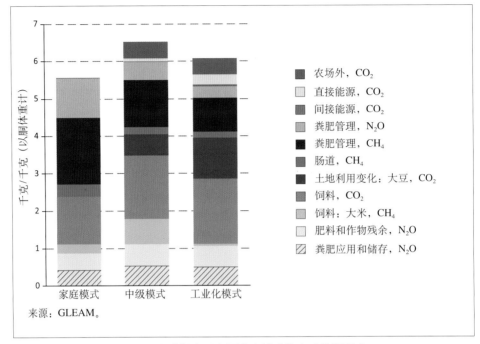

图24 生猪供应链主要生产模式的全球排放强度

5 减排范围

摘 要

畜牧业减排的潜力巨大。尽管当前已经存在一些有助于减少排放的技术和措施，但并未在全社会得到广泛使用。如果世界上大多数生产商采用最优的减排措施和技术，畜牧业的排放量可以大幅减少。

排放强度（单位动物产品的排放量）在不同生产单位之间有很大差异，即使在类似的生产模式中也是如此。不同的农业生态条件、养殖方式和供应链管理是造成这种差异的重要原因。排放强度最低的生产单位和排放强度最高的生产单位在排放强度上的差距就是畜牧业减排的潜力所在。

在某一特定养殖模式、区域和气候中的生产者，如果采用目前排放强度处于最低前10%～25%的生产者的措施，那么畜牧业的总排放量可能会减少18%～30%（或11亿～18亿吨）。

改善牧场管理是促进畜牧业减排的另一措施，它可以产生高达4亿～6亿吨二氧化碳当量的碳固存量。

在现有模式内，减排是可以实现的。这意味着，减排可以通过改进措施而非改变生产模式来实现，即从放牧模式转变为混合模式或从家庭模式转变到工业模式。

在所有气候、地区和生产模式中都可以实现减排。

采用更有效的技术和措施是减少排放的关键。减排措施，很大程度上都是基于提高个体动物层面和畜群层面的生产效率。这些措施包括改善饲养方式以减少肠道和粪肥排放，改善养殖和健康管理以减少畜群中非生产性动物的数量（动物数量的减少，意味着生产同一数量产品所需的投入品更少，产生的粪肥和排放量也更少）。

粪肥管理措施也是一项可以促进减排的措施，它可以确保粪肥中的能量和营养得到循环利用，并使供应链上的能源利用更加有效。

大部分的减排技术和措施还可以提高生产力，并在地球人口不断增长的同时，确保食物安全和减少贫困。

畜牧业减排的主要潜力在于生产力较低的反刍动物养殖区域，如拉丁美洲、加勒比地区、南亚和撒哈拉以南非洲地区。提高个体动物和整个畜群的生产效率可以实现部分减排。

在东亚和东南亚的生猪中级生产模式中，减排潜力也较大。

在发达国家，反刍动物的排放强度相对较低，但产量和排放量仍然较高，减排的潜力也较大。在这些畜群生产效率已经很高的地区，可以通过改善农场管理来实现减排，如更好的粪肥管理和节能设备。

通过减少生产和消费、降低生产的排放强度，或将两种方式结合，可以达到减少畜牧业排放的目的。

本评估并未探讨减少畜产品消费的减排潜力。但部分作者对不同饮食情景下的减排潜力做了评估（Stehfest 等，2009; Smith 等，2013），结果显示，与其他减排策略相比，改变饮食的成本较低，且减排效果明显。另外，研究表明，消费动物产品较多的人群减少动物蛋白摄取对身体健康有积极影响（McMichael 等，2007; Stehfest 等，2009）。

目前，许多技术措施可以减少畜牧业供应链上的温室气体排放，主要分为以下几类：

（1）与饲料添加剂和饲料（饲养）管理相关的技术措施（仅限甲烷）；

（2）粪肥管理技术措施，其中包括动物饮食管理，但重点是粪肥管理过程中的储存、处理和应用等末端措施；

（3）与动物养殖相关的技术措施，包括动物管理和繁殖管理的技术和措施。插文3介绍了FAO推荐的有效做法和技术措施。

5.1　减排潜力

前文已经从全球和区域尺度上描述了排放强度的高度差异性，确定了最低排放强度生产者与最高排放强度生产者之间在排放强度上的巨大差距。如图25和图26所示，这种差距也存在于商品、生产模式、区域和农业生态区的不

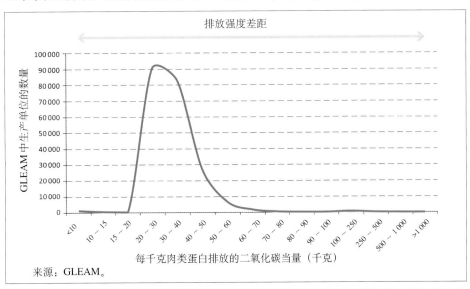

来源：GLEAM。

图25　排放强度差距举例——东亚和东南亚气候适宜地区肉鸡生产单位按照排放强度在 GLEAM中的分布

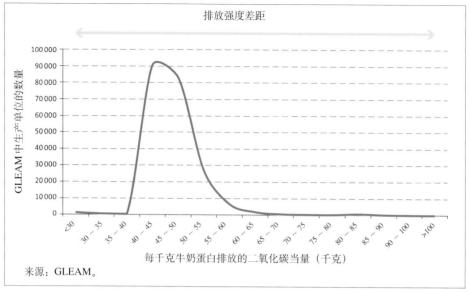

图26　排放强度差距举例——西欧适宜地区混合模式内奶牛生产单位按照排放强度在 GLEAM中的分布

同组合内。这一差距显示了在现有生产模式内减少排放的空间。

5.1.1　数量

畜牧业减少温室气体排放的潜力较大，通过缩小同一地区和生产模式内生产者之间的排放强度差距，可以明显降低排放。

（1）现有生产模式下的减排潜力

在一定的模式、区域和农业生态区中，如果生产者采取排放强度最低的前10%生产者（第10百分位数）[16]（表10）的做法，在保持总体产量不变的情况下，畜牧业的排放量可以减少30%（约18亿吨）。同时，如果生产者采取排放强度最低的前25%生产者（第25百分位数）的做法，畜牧业的排放量可以减少18%（约11亿吨）。这些估计是基于几个假设，如有利的政策和市场信号可以克服采用最有效措施时所面临的障碍。这些数据仅仅是一些数字，还需要综合考虑本差距分析中所包含的众多假设和简化条件（插文4）。

此减排潜力并不反映任何农业模式的变化，而只是基于已经存在并已应用的技术。

许多物种均有巨大的减排潜力。不同物种的减排潜力与其当前的排放量大致成正比：牛的减排潜力最大（65%），其次是鸡（14%），然后是水牛（8%），最后是猪（7%）和小型反刍动物（7%）。

---

[16]　每个不同商品、生产系统、地区和农业生态特定组合的平均排放强度设定为最低的第10（第25）百分位数。

值得注意的是，此减排潜力是在产量一定的情况下测算出来。然而，在未来几十年，畜牧业将会继续发展并进一步扩大。在一定模式、区域和气候中，排放强度居于第10（第25）百分位数的生产者的技术措施会向该地区的所有生产者扩散，并推动生产力提高。排放强度下降与产出增长相结合，就形成了净减排效应。

表10　基于排放强度差距分析的减排潜力估计

	独特的地理区域、气候和农业模式组合分析（不包括农业模式变化）						独特的地理区域和气候组合分析（包括农业模式变化）					
	平均排放强度位于第10百分位数的生产单位			平均排放强度位于第25百分位数的生产单位			平均排放强度位于第10百分位数的生产单位			平均排放强度位于第25百分位数的生产单位		
	减排量											
	按物种（百万吨）	按物种（%）	此方案中（%）	按物种（百万吨）	按物种（%）	此方案中（%）	按物种（百万吨）	按物种（%）	此方案中（%）	按物种（百万吨）	按物种（%）	此方案中（%）
肉牛	−775	−27	44	−482	−17	44	−883	−31	45	−619	−22	51
奶牛	−401	−32	23	−231	−18	21	−440	−35	23	−264	−21	22
猪	−103	−19	6	−76	−14	7	−108	−19	6	−69	−14	6
水牛肉	−96	−41	5	−31	−13	3	−101	−43	5	−32	−14	3
水牛奶	−80	−22	4	−51	−13	5	−89	−25	4	−54	−15	4
鸡蛋	−66	−38	4	−51	−29	5	−73	−42	4	−50	−29	4
鸡肉	−113	−40	6	−97	−34	9	−94	−33	5	−60	−21	5
小型反刍动物奶	−45	−36	3	−24	−19	2	−49	−39	3	−17	−14	1
小型反刍动物肉	−96	−31	5	−50	−16	5	−105	−33	5	−58	−18	5
合计	−1 775	−29	100	−1 092	−18	100	−1 943	−32	100	−1 224	−20	100

（2）生产模式发生变化时的减排潜力

改变生产模式（而商品、区域或农业生态区不变）将会为减排带来一定的额外效果（表10）。如果一定地区和气候内的所有生产者采取排放强度居于第10百分位数[17]的生产者的做法，排放量将减少32%；如果采取第25百分位

⑰　每个不同商品、地区和农业生态区组合的平均排放强度设定为最低的第10（第25）百分位数。

数生产者的做法，则排放量将减少20%。

这表明，生产模式内部技术措施的异质性及其导致的排放强度差距，与不同生产模式间技术措施的异质性差不多大。

即使本评估中确定的减排潜力既不需要改变任何模式，也不需要改变行业（即牛奶、鸡蛋、牛肉等）的产品结构，实际上这些模式和结构的变化已经发生，并影响了畜牧业的总排放强度。牛奶和禽肉（FAO统计数据库，2013），是全球平均排放强度最低的商品中目前增长最快的两种商品，它们的快速增长将降低单位蛋白质的平均排放强度。而且，畜牧业的增长主要发生在排放强度最低的高效（乳品）和集约模式（产业化肉鸡和蛋鸡）的这一事实，也进一步验证了这一点。

（3）保守估算

通过排放强度差距分析估算出的减排量，反映了假设平均排放强度分别提高到最佳生产单位的10%和25%时的情况。尽管这种统计分析存在局限性，且其假设依赖于政策背景和资源可用性（图3），但其估计结果仍可能较为保守。

首先，它排除了可用但尚未被少数生产者应用或接受的减排技术和措施，因此没有被纳入到基准情景中。例如，反刍动物生产中的沼气池、奶牛场的节能装置或减少肠道甲烷排放的食品强化剂。

其次，由于GLEAM使用的是所有生产模式、区域和农业生态区域中的平均数据，排放强度差距分析忽略了这些措施的实际潜力。例如，几个与畜群表现的相关参数就是在区域或农业模式的层面上定义的，这些参数反映了动物的养殖措施和健康状况。

最后，排放强度差距分析没有包括农场外的排放，而且也没有从点层面上计算牧场扩张产生的相关排放。实际上，两者一共约占畜牧业71亿吨总排放量的10%。

插文3　非二氧化碳减排的可用技术和措施回顾

FAO近期对畜牧业减排的可用技术和措施进行了全面的文献综述（FAO，2013c; Gerber等，2013）。该项综述主要集中在肠道甲烷、粪肥甲烷和一氧化二氮的减排方法。表A、B和C是对此次综述的总结。

饲粮调控和饲料添加剂被认为是减少肠道甲烷产生的主要途径。它们对降低绝对排放量的有效性通常被评估为低到中等，但其中一些措施可以提高饲料效率和动物生产力，并大幅降低排放强度。饲粮会改变粪肥构成，进而影响粪肥排放：饲料成分和添加剂会影响尿液和粪肥中氮的形式和数量，以及粪肥中可发酵有机物的数量。

通过缩短储存时间、确保有氧环境或收集厌氧环境下排放的沼气，可以有效控制粪肥中的甲烷排放。然而，一旦氮被排放出来，直接和间接的一氧化二氮排放就更难以防止。有些技术可以在初期管理过程中将氮保留在粪肥中以防止排放，但经常在后期将氮排放出来。因此，有效减少一种形式的氮流失（例如氨气）往往被其他形式（例如一氧化二氮或三氧化氮）的氮流失所抵消。在设计减排措施时，必须考虑这些转移效应，减少粪肥中甲烷和一氧化二氮排放的技术之间存在着的相互作用。

因此，要开发可以广泛推行的实用且经济可行的减排技术还需要进行更多研究。不仅要研究减排潜力巨大的单个措施（例如针对瘤胃产甲烷菌的疫苗接种），还要考虑到各种措施之间的相互作用，为特定生产模式研究开发集成的、有效的减排措施。

表A　减少非二氧化碳排放的可用技术和措施：饲料添加剂和饲养方法

措施（技术）	潜在（甲烷）减排效应	长期效应	环境安全或动物安全
饲料添加剂			
硝酸盐	高	否？	未知
离子载体	低	否？	是？
植物活性化合物			
单宁酸（浓缩）	低	否？	是
食用油脂	中	否？	是
瘤胃调控	低	否	是？
集中纳入口粮	低到中	是	是
饲料质量和管理	低到中	是	是
放牧管理	低	是	是
饲料加工	低	是	是
宏观增补（不足时）	中	是	是
微观增补（不足时）	不适用	否	是
优质秸秆育种	低	是	是
精准喂食和饲料分析	低到高	是	是

表B 减少非二氧化碳排放的可用技术和措施：粪肥处理

措施（技术）	物种	潜在（甲烷）减排效应	潜在（一氧化二氮）减排效应	潜在（氨气）减排效应
膳食调控和营养平衡				
降低膳食蛋白	所有物种	？	中	高
高纤维膳食	猪	低	高	未知
放牧管理	所有小型反刍动物	未知	高？	未知
居住				
生物过滤	所有物种	低？	未知	高
粪肥系统	奶牛、肉牛、猪	高	未知	高
粪肥处理				
厌氧消化	奶牛、肉牛、猪	高	高	上升？
固体分离	奶牛、肉牛	高	低	未知
通风	奶牛、肉牛	高	上升？	未知
粪肥酸化	奶牛、肉牛、猪	高	？	高
粪肥储存				
减少储存时间	奶牛、肉牛、猪	高	高	高
秸秆覆盖储存	奶牛、肉牛、猪	高	上升？	高
自然或人工膜覆盖	奶牛、肉牛	高	上升？	高
储液池通风	奶牛、肉牛、猪	中到高	上升？	未知
堆肥	奶牛、肉牛、猪	高	未知	上升？
垃圾堆放	家禽	中	未知	未知
储存温度	奶牛、肉牛	高	未知	高
密封储存	奶牛、肉牛、猪	高	高	未知
粪肥使用				
施肥与表面施用	奶牛、肉牛、猪	对上升无影响？	对上升无影响	高
应用时间	所有物种	低	高	高
土壤覆盖、覆盖作物	所有物种	未知	对高无影响	上升？
土壤养分平衡	所有物种	不适用	高	高
适用于粪肥或尿液储存在牧场后的硝化抑制剂	奶牛、肉牛、绵羊	不适用	高	不适用
用于尿液或尿液前的尿素抑制剂	奶牛、肉牛、绵羊	不适用	中？	高

表C 减少非二氧化碳排放的可用技术和措施：动物养殖

措施（技术）	物种	生产力 影响	潜在（甲烷） 减排效应	潜在（一氧化二氮） 减排效应
动物管理				
遗传选择（剩余 采食量）	奶牛、肉牛、猪?	无	低?	未知
动物健康	所有物种	上升	低?	低?
降低生物死亡率	所有物种	上升	低?	低?
优化屠宰年龄	所有物种	无	中	中
繁殖管理				
交配策略	所有小型反刍动物、猪	高到中		高到中
改善生产生活	所有小型反刍动物、猪	中		中
增强生育能力	猪、绵羊、山羊	高到中		高到中
围产期保健	奶牛、所有小型反刍动物、猪	中		中
减少压力	所有小型反刍动物、猪	高到中		高到中
辅助繁殖技术	所有小型反刍动物、猪	高到中		高到中

注：高代表大于等于30%的减排效应，中代表10%～30%的减排效应，低代表小于10%的减排效应。
减排效应指"标准化措施"之下的百分比变化，即用于对比的研究控制，是基于研究数据和本文作者
判断的组合。
? 指由于研究有限、结果差异大和效果持续性数据不足而导致不确定性。

插文4　通过分析排放强度差来估算减排潜力

对于在地理区域、气候和农业模式特定组合下生产的每种商品而言，首先计算出平均排放强度与代表最低排放强度的第10和第25百分位数上的生产单位的排放强度。然后通过将基准的平均排放强度向最低的第10或第25百分位数（代表排放强度较低的生产单位）的排放强度移动来估算减排潜力。

减排潜力的计算还要考虑农业模式的变化：对在地理区域和农业生态区离散组合内生产的每个商品，进行平均排放强度和分位数排放强度估算。

该统计分析基于以下假设：

•有利的政策和市场信号已经就绪，且可以克服采用最有效措施时所面临的障碍。

•将表现最佳的前25%或10%生产单位使用的投入组合扩散到该地区（气候、模式）中的所有生产单位，并不会改变该投入组合的排放强度。

- 采用低排放强度措施不受当地资源约束（如小气候、水）。
- 在区域层面上采用低排放强度措施有可用的资源（如商业饲料、能源）。

在一个地区、气候区域和农业模式中特定商品的排放强度分布和排放强度差距示意

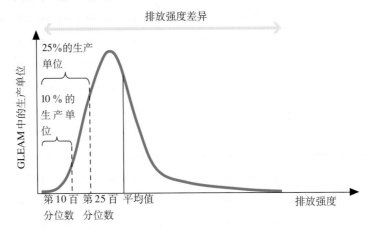

5.2 碳固存

5.2.1 减少土地利用变化

减少土地利用变化可进一步促进减排。牧场和大豆面积扩张带来的排放占畜牧业排放量的9%（见第2章）。

尽管没有正式分析过土地利用变化的全球减排潜力，但从中期看（10或20年），将畜牧生产相关的土地利用转换率减半是可以做到的，这可以减少大约4亿吨的畜牧业年度排放量。这一目标的可行性得到了巴西政府2010年减排承诺的证明：到2020年，巴西将减少7亿吨二氧化碳排放，将亚马孙河地区的森林砍伐率降低80%，塞拉多地区的森林砍伐率降低40%。[18]在本文后面对巴西肉牛业进行的减排案例研究中指出，提高动物和畜群效率可以使放牧用地和相关土地利用变化所产生的排放量减少25%。

5.2.2 草原土壤的碳固存

据估计，优化草原放牧管理，全球每年可以固存碳约4.09亿吨（或20年里每年1.115亿吨）。

通过在一些草原地区播种豆科作物，在20年的时间内估计每年可再固存

---

[18] http://unfccc.int/files/meetings/cop_15/copenhagen_accord/application/pdf/brazilcphaccord_app2.pdf; http://www.brasil.gov.br/cop-english/overviewwhat-brazil-is-doing/domestic-goals

1.76亿吨（净增加一氧化二氮排放量）。因此，这些措施结合起来拥有5.85亿吨的减排潜力，约占畜牧业供应链排放量的8%。第2章介绍了测算方法。

在持续过度放牧时期，那些经历了草原植被过度减少和土壤碳过度流失的草原，历史上流失的碳通过减少放牧至少可以部分恢复。相反，在轻度放牧的草原，可以通过增加放牧压力，来提高草地生产力和土壤碳固存（Holland等，1992）。

其他一些措施也可以进一步增加草原土壤的碳固存，但本研究未对其进行评估，如播种技术改良、根系较深的热带草种、火灾管理改进。

根据《气候变化专门委员会第四次评估报告》（Smith等，2007），如果全世界的草场都采取扩大放牧范围和改良牧场的措施，每年可以固存15亿吨的碳。该研究同时还估计，每年耕地可以固存高达14亿吨的碳，其中大部分是用于饲料生产。而在另一份全球草场评估中，Lal（2004）更保守地估计认为每年碳固存潜力为4亿~11亿吨。

本次评估的碳固存潜力处于这些全球估计的范围之内。

5.3 主要地理区域的潜力

各地区的减排潜力因产量和相关排放强度而异。单位蛋白和单位土地排放量都很低的区域（例如中欧、中东和安第斯地区的部分地区）通常也是生产活动较少的地区，主要依靠单胃物种，可以认为这些区域的减排潜力较小。

世界上最富裕的地区通常单位产品的排放强度较低，且单位土地的排放强度较高。在这些地区，由于排放量很大，边际排放强度的相对降低可能会导致显著的减排效果。

在非洲和拉丁美洲大部分半湿润和半干旱地区，每单位蛋白质的排放强度较高，但每单位土地的排放强度较低。在这些地区实现减排，需要考虑粮食安全和气候变化的适应问题。即使只是略微提高反刍动物系统的生产力和改善放牧方式，也可以对排放强度和粮食安全产生实质性的改进。然而，许多地区因地处偏远、气候多变所限，难以采用新的技术措施。如第7章所述，具体的政策都需要克服这些困难。

技术减排的主要潜力可能在两种排放强度都很高的地区，分布在拉丁美洲、南亚以及东非部分地区。在这些地区，每单位蛋白质的巨大减排潜力与其高产量一致。这些地区的特点是牛的养殖密度高，但生产力低。前文讨论的大部分减排措施适用于此，包括改善生产性能（如遗传基因、健康）、喂养方式（如口粮消化率、蛋白含量）、畜群结构管理（如减少繁殖动物数量）、粪肥管理（储存、应用和生物消化）和土地管理（改进牧场管理）。

　　排放强度的另一种表达方式是将畜牧业的总排放量与人口相关联。在人口稀少地区，动物养殖的排放强度相对较高，比较典型的是商业化的肉牛放牧模式，例如北美、拉丁美洲和大洋洲的部分地区。在这些地区，任何减排措施的经济和社会影响将需要特别注意，因为养殖是当地主要的经济活动之一。收入、风险和竞争力问题对当地社区的影响都特别重要。

6　实践中的减排：案例研究

摘　要

　　正如5个案例研究所示，减排技术可以带来巨大的环境效益。每个特定物种、模式和地区的减排潜力在14%～41%。*

　　在亚洲、拉丁美洲和非洲，反刍动物和猪养殖系统拥有相对较高的减排潜力。而且，正如经合组织国家的案例研究所示，在生产效率较高的奶业系统中也可以实现显著减排。

　　一些减排措施不仅可以减少排放强度和排放量，同时也可以促进生产效率和产量的增加，尤其是那些改善喂养、优化健康和畜群管理的措施。

　　案例研究的主要结论：

　　在南亚混合奶类生产模式中，通过可行措施改善饲料质量、动物健康和养殖水平，温室气体的减排潜力可以达到基准排放量的38%（1.2亿吨）。

　　在东亚和东南亚的工厂化养猪模式中，通过改善粪肥管理、采用节能技术和低碳能源，其减排量可以达到基准排放量的16%～25%（2 200万～3 300万吨）。在中级模式中，本研究同样测试了改进畜群管理、饲料管理措施的减排潜力，其减排量可以达到基准排放量的32%～38%（3 200万～3 700万吨）。大约一半的减排可通过提高饲料质量和动物表现来实现。

＊：根据第5章基于缩小排放强度差距的评估结果，全球减排量在18%～30%，此处的减排范围支持了这一结果。值得一提的是，这些技术的减排潜力与当地的评估和承诺相一致，例如，第6章提到巴西的低碳农业（ABC）计划以及美国、英国和北爱尔兰的奶类生产。

在南美的专用肉牛生产中，提高饲草质量、改善动物健康状况、完善养殖和放牧管理都可使减排量达到基准排放量的19%～30%（1.9亿～3.1亿吨）。

在西非小型反刍动物产业中，通过提高饲草消化率、改善动物健康状况、提高养殖和繁殖水平、优化放牧管理，可以使其减排量达到年度基准排放总量的27%～41%（770万～1 200万吨）。

在经合组织国家的奶类混合模式中，采用改良的粪肥管理系统、饲料添加剂和节能设备可以使其减排量达到温室气体基准排放量的14%～17%（5 400万～6 600万吨）。

为对排放强度差距分析进行补充，并探讨如何在实践中实现预计的减排潜力，本文开展了5个案例研究，评估了选定生产模式和地理区域中具体技术措施的减排潜力。

基于对排放的主要驱动因素和相关技术切入点的了解，每个案例研究都提供了可能的减排措施，如畜群生产率提升、能源使用效率或"末端"粪肥管理等措施。案例研究不对指定模式中技术减排的总潜力进行估计（即不顾成本采用所有可用技术可实现的最大减排效果）。

对所选减排措施的研究是假定在短到中期的时间范围内，并在保持产出不变的情况下，通过修正GLEAM中与这些措施有关的参数来计算减排潜力。

行业的选择。由于对总体排放的贡献份额较大，5个案例中，4个主要针对反刍动物供应链（牛和小型反刍动物），另一个案例探讨了猪肉生产的减排潜力。

减排方案的选择。案例研究的目的在于，以实例来说明不同的生产模式中，采取少量可行方案可以达到的减排目标，而不是对畜牧业所有可用的减排方案都进行详尽的评估。

本次评估选取了在各自区域和生产模式中，减排潜力和农民接受可能性都较高的减排方案。这些方案聚焦于那些已经证明短中期有效、且预期能提供重要生产效益的可用技术组合。干预措施的选择也会考虑其预期的经济可行性、对粮食安全的积极影响，以及与其他环境问题的平衡等。

此外，本文也没有对从业人员推荐的许多减排措施进行评估。其中，为反刍动物添加浓缩谷物，可能是得到最广泛检验的措施（FAO，2013c）。然而，由于担心其经济可行性以及减少人类粮食消费可能造成的粮食安全威胁，这一措施被排除在外。另外，如果要评估这一措施，考虑到不同浓缩饲料来源对土地利用变化和排放的影响一般有所不同，则需要进行更加广泛的分析，因而本研究没有将其纳入。

如果时间充裕，则可以考虑采取其他有效和可行的减排方案，如改良品种以提高动物生产力。此外，有一些可能有效的方案在更长的评估时间范围内也值得考虑，但还需要进一步开发，例如使用抗甲烷化疫苗。这种可能的疫苗已经在其他研究中进行了评估（Whittle等，2013；Moran等，2008；Beach等，2008），并被认为在广泛的反刍动物系统中具有巨大的潜力，因为它们仅需要很少的接种频率和最少的管理。然而，这一方案还需要进一步研究，其商业可用性在近期不太可能实现（FAO，2013c）。

许多有争议的促进生长的化合物，如离子载体和牛生长激素（BST），在其他评估研究中被认为是有效的减排方案（美国环境保护署，2006；Moran等，

2011; Smith 等，2007），但由于在重要市场（如欧盟）禁止使用，及其对人类健康影响的不确定性，也被本研究排除在外。

尽管向动物饲料中添加合成氨基酸，如生猪养殖中的赖氨酸，常被看作提高效率和减少粪肥中氨气和一氧化二氮排放（FAO，2013c）的重要手段，但鉴于其成本，也被本研究忽略。

不变生产水平下的减排潜力。为了分析更加清楚，且聚焦于排放强度，GLEAM 在计算减排情景时，假定产量保持不变。案例研究中列出的一些减排措施会同时导致生产力和效率的提高。本章最后一节将详细讨论这些影响。

局限性。按照设计，减排评估没有考虑采用减排措施可能面临的障碍。

当缺乏财政激励（例如减免补贴）或法律来限制排放时，多数生产者不太可能投资于减排措施，除非它们能够增加利润或带来其他生产效益，如降低风险。因此，需要对所选减排措施进行成本效益分析，以经济可行的方式估计能够实现的减排量。此外，还必须考虑采用减排措施所面临的其他障碍以更好地了解减排措施的采用率，包括生产者、推广机构和研究机构的技术能力，以及支持采用所选减排措施的可用资金和基础设施。第7章将更详细地探讨克服这些障碍的政策建议和需求。

温室气体减排措施的采用也可能对其他环境（如水资源保护和土地利用变化）、动物福利和更广泛的发展目标（如粮食安全和公平）产生积极的或消极的影响，因而需要对其进行评估，并将其作为整个畜牧政策的一部分。尽管这些因素并未在案例研究中进行模拟，但在选择减排措施以及某些情况下对其采纳程度进行假设时，对其中的一些限制和问题仍然做了考虑。例如，通过提高个体动物和整个畜群的生产力，大多数选定的减排措施都可以增加产量并减少排放，从而避免环境、发展和粮食安全目标之间的冲突。

6.1 南亚地区的奶牛生产

6.1.1 主要特点

（1）生产

南亚是世界主要的牛奶产区之一，产量约占全球的12%。[19] 印度独占该区域75%的产量，且其主要地位可能会继续保持，预计2011—2020年每年的牛奶产量将增长3%。在印度，大多数地区由于文化和宗教原因禁止屠宰牛。因此，在死亡率较高的牛中，并不需要的公奶牛犊占有一定份额，这造成了供应链上生产效率的损失。

---

[19] 南亚包括阿富汗、孟加拉国、不丹、印度、伊朗、马尔代夫、尼泊尔、巴基斯坦和斯里兰卡。

混合模式中，南亚奶牛数量占全球的28%，而西欧和北美分别占10%和4%。在南亚，约93%的牛奶产自混合农业模式。南亚牛奶混合模式的产奶量和温室气体排放量分别占全球牛奶混合模式的13%和23%。

（2）排放

主要排放源包括来自肠道发酵的甲烷和饲料生产中的一氧化二氮（来自于粪肥的使用、储存以及合成肥料的使用），前者占60%，后者占17%。

与全球平均每千克牛奶排放强度2.7千克相比，南亚混合农业模式的平均排放强度为每千克牛奶5.5千克。排放强度高的主要原因如下：

• 饲料质量差（饲料消化率低）。这导致肠道甲烷排放较高和动物生产表现较低。该地区的平均饲料消化率相对较低，大约为54%。饲料主要为作物残留，如稻草和秸秆（占饲料比例的60%）、青饲料和干饲料（34%）和副产品（近6%）等。较低的饲料消化率使得摄入每单位能量所产生的甲烷更多。饲料质量差也会影响动物的生产力：牛奶产出水平较低，该区域每年每头牛产奶约965千克，而全球奶牛混合模式每年每头牛的平均产奶量为2 269千克；动物生长缓慢，并导致初产年龄较大。

• 繁殖动物比重较高。繁殖动物不生产产品却产生排放，导致排放强度较高。南亚的特点是繁殖动物占比较大：南亚约有57%的奶牛群由非产奶动物组成，而全球奶牛混合模式的平均水平为41%。[20] 这是由于初产年龄较大（该区域为3.1年，混合模式下的全球平均水平为2.4年），并受畜群生育水平和健康水平较低（指畜群中的动物数量增加但没有产出）的影响，而且部分地区不将雄性小牛用作生产。

• 高死亡率。导致动物损失并因此产生"非生产性排放"。牛犊和其他动物的死亡率分别为31.1%和8.1%，而奶牛混合模式下的全球平均值为17.8%和6.7%。

6.1.2　减排措施探讨

考虑到排放强度的主要驱动因素，本案例研究主要探讨以下选定措施的减排潜力：

• 改善饲料质量。通过饲料加工或添加当地可获得的改良饲草来提高动物饮食的消化率，以达到更好的泌乳能力（即更高的产奶量和动物生长），并减少甲烷排放。[21]

• 提高健康和饲养水平。通过改善动物健康水平和加强繁殖管理，可以提高生产性动物在畜群中的相对比例。案例研究也发现了减少公牛犊数量的减排潜力（通过人工授精实现性控），但仅适用于印度。

---

[20]　非产奶动物指繁育动物和淘汰动物，包括成年雄性动物及淘汰的雄性和雌性动物。

[21]　提升饲料质量被许多人认为是减少肠道甲烷排放的最有效手段之一（FAO,2013c;Beauchemin等，2008；Monteny和Chadwick，2006；Boadi等，2004）。

前两个干预措施的减排潜力是通过修改GLEAM中饲料质量和动物性能（生长率、初产年龄、生育率和死亡率）的相关参数来计算（见技术说明1）。

6.1.3 减排潜力估算

如果饲料质量、动物健康和养殖水平有所改善，温室气体排放量可能会减少基准排放的38%或1.2亿吨（表11）。

表11 南亚地区奶牛混合模式的减排量估算

项目	与基准相比的减排效应
总减排潜力（百万吨）	120
相对于基准（%）	38.0
其中：	
改善饲料	30.4
改善畜群结构	7.6

由于对几种排放源有巨大影响，改善动物饮食、提升消化率的减排潜力最高。值得注意的是，排放量减少主要是由于动物数量的减少。产出水平的提高使得即使动物数量减少10%（由于畜群结构的改善，繁育群的数量减少20%），也可以实现相同数量的牛奶产量。

以印度为例，改善饲料质量的减排效应达8 500万吨，占南亚地区总减排效应的71%。如果对印度25%的奶牛采用人工授精技术，公牛犊数量将减少9%。

技术说明1 南亚混合牛奶生产模式的减排方案

改善饲料质量

通过使用消化增强技术，如饲料加工（尿素处理、干燥、研磨和造粒），以及使用改进饲草，如使用含有豆类的混合饲草，可以达到改善饲料质量的目的。同时，也可以通过向基础饲料添加副产品和浓缩物来实现饲料质量的改善。但在本案例研究中，后者仅限于本地现有的材料，因此假设减排不会对饲料交易产生影响。

GLEAM按照如下条件对改善饲料质量措施进行模拟（表A）：

• 在每个像元（GLEAM中的最小生产单位）上，将气候区中消化率最高的10%像元的饲料消化率（即每个农业生态区域的第90百分位数的值）作为基准饲料消化率。

•假设消化率增加1%将导致初产年龄下降4%，由此计算出初产年龄。这一假设来源于饲料消化率与动物生长率之间的关系（Keady等，2012；Steen，1987；Manninen等，2011；Scollan等，2001；Bertelsen等，1993），且假设生长率与初产年龄一致。

•假设动物口粮消化率增加1%将刺激牛奶产出水平提高5个百分点，由此计算牛奶的产出水平（Keady等，2012；Manninen等，2011；Scollan等，2001；Bertelsen等，1993）。

表A   修正GLEAM参数以评估南亚混合牛奶生产模式的减排潜力

GLEAM参数	基准	减排情景	备注
饲料模块			
喂养奶牛的饲料平均消化率（%）	干燥：54.8 (6.4)[1] 湿润：53.3 (7.8)[1] 适中：55.6 (6.4)[1]	干燥：63.4 湿润：62.7 适中：59.4	饲料消化率在每个气候区域的第90百分位数。[2]详情见正文。
畜群模块			
奶牛替代率（%）	21.0	18.0	在东亚混合模式的GLEAM中达到平均值。
死亡率（%）	母牛：22.0 公牛：52.03[3] 其他：8.0	母牛：17.0 公牛：47.0[3] 其他：7.0	在东亚混合模式的GLEAM中达到平均值。
初产年龄（年）	3.1	2.5 ~ 2.9	假设消化率增加1%将导致初产年龄下降4%。
雌性与雄性牛犊的性别比例	50：50	80：20	人工授精技术仅适用于印度25%的奶牛。
系统模块			
牛奶产出水平（千克）	200 ~ 1 500	200 ~ 3 587	假设饲料消化率增加1%，牛奶产出将提高5%。

注：①平均消化率和标准偏差。
②可以找到90%像元的饲料消化率值。
③仅适用于印度。

提升健康和饲养水平

采取繁育管理（如降低初产年龄和奶牛的淘汰率）、提高动物健康水平（如降低死亡率）和利用人工授精减少公牛犊的数量，可以增加畜群中可生产群体的占比。

GLEAM对采用改善繁育管理和健康水平措施进行如下模拟（表A）：

•淘汰率和死亡率与东亚混合农业模式相一致。

• 对印度牛犊中雌性与雄性的性别比例做了修正，由基准的50:50改为80：20。这是基于以下假设：50%的农场使用人工授精；这些农场中有25%使用性控精液；在使用性控精液的地区，牛犊中雌性与雄性的性别比例则变为80 ：20（Rath和Johnson，2008，DeJarnette等，2009；Norman等，2010；Borchensen和Peacock，2009）。

6.2　东亚和东南亚地区生猪的集约化生产

6.2.1　主要特征

（1）生产

东亚和东南亚的猪肉产量占全球总产量的50%，[22]其中中国占40%。在过去30年里，东亚和东南亚的猪肉产量增加了4倍，这一增长主要发生在中国，以及中级和工业化模式中。目前，中级模式和工业化模式养殖的生猪数量分别占该地区的30%和40%。随着该地区生产的进一步扩大和集中，这些系统还将继续增长（FAO，2011b）。

（2）排放

该地区的中级模式和工业化模式排放了大量的温室气体，估计每年达到3.2亿吨，占全球畜牧业排放总量的5%。由于该地区的猪肉产量占全球比重较

---

[22]　东亚和东南亚包括中国、蒙古、日本、韩国、朝鲜、文莱、柬埔寨、印度尼西亚、老挝、马来西亚、缅甸、菲律宾、新加坡、泰国、东帝汶和越南。

大，该区域中级模式和工业化模式的排放强度分别为每千克胴体排放6.7千克和6.0千克，区域的平均排放强度接近全球平均水平。

排放的主要来源有：

• 饲料生产。饲料生产独占商业化模式总排放量的60%。这些排放中约有一半与饲料生产的能源使用（如现场作业、运输和加工以及肥料生产）有关。排放物一氧化二氮（来自向饲料作物施用的粪肥和合成氮肥）约占饲料排放总量的28%。来自土地利用变化产生的二氧化碳（与进口大豆相关）分别占工业化模式排放总量的13%和中级模式排放总量的8%。中级模式中，该地区水稻的甲烷排放量也特别高，占排放总量的13%。

• 粪肥。粪肥是重要的甲烷排放来源。在东亚和东南亚，由于粪肥以液体形式储存和部分地区的温暖气候，来自粪肥的甲烷排放量分别占工业化模式排放总量的14%和中级模式的21%。该地区中级和工业化模式中的平均甲烷转换因子（即实际转化为甲烷的部分有机物质）为32%，而中级模式的世界平均水平为27%，工业化模式为23%。

• 农场的能源使用和农场外活动。该地区，直接能源的使用对工业化模式排放强度的贡献（6%）高于世界平均水平（4%）。但其在中级模式中的贡献可以忽略不计（约1%）。在该地区的两个模式中，农场外活动的排放对总排放量的贡献均为8%。

• 与工业化模式相比，中级模式的排放强度更高。这是由于个体动物和整体畜群的生产能力较差。尤其是，较晚的初产年龄（该地区为1.25年）和断奶年龄（40天）导致繁殖动物较多，这有助于排放却不利于生产。同时，高死亡率进一步导致了"非生产性排放"。而较差的饲料质量使得动物体重增长缓慢（0.66千克/天），从而延长了生产周期，使得保护动物所需要的能量（也即排放）超过生产所需。

6.2.2 减排措施探讨

考虑到中级模式和工业化模式的主要排放源，本案例探讨了以下减排措施：

• 改善粪肥管理。更广泛地利用厌氧消化来降低甲烷排放量，并增加沼气产量，这也可以代替化石燃料。

• 采用节能技术和低碳能源。这将减少与饲料生产、农场管理和农场外活动有关的能源排放。

• 提高中级模式中饲料质量、动物健康和养殖管理水平。较高的饲料质量和消化率促使动物的生长率较高，进而降低粪肥排放并提高动物生产能力。动物健康和养殖水平得到改善，将降低动物的初产年龄和断奶年龄，并促进死亡率下降和畜群中生产性动物数量的增加。

减排潜力可通过修改GLEAM中与粪肥管理、能源使用、饲料质量和动物生产能力相关的参数来计算。关于能源使用所产生的排放（技术说明2），其减排潜力的计算分为正常运营（BAU）情景和更乐观的替代政策（APS）情景。

技术说明2　东亚和东南亚集约化生猪生产的减排方案

改善粪肥管理

厌氧消化器用于液体粪肥的处理，是减少粪肥中甲烷排放的最有前景的做法之一（Safley和Westerman，1994；Masse等，2003a，2003b）。当正确操作时，厌氧消化器也是沼气这一可再生能源的来源之一，根据基质和运行条件，沼气含60%～80%的甲烷（Roos等，2004）。改善粪肥管理的GLEAM模拟如下：以液态或干燥形式处理的粪肥量减少，厌氧消化处理的粪肥量增加到60%（表A）。对泰国而言，厌氧消化处理的粪肥量从15%的基准比例上升到70%。厌氧消化粪肥所产生的沼气可以估算出来，且其替代化石燃料所节省的二氧化碳排放当量也可算出（包括两种能源效率改善情景）。

采用节能技术和低碳能源

Kimura（2012）研究了该地区到2035年的两个潜在能源趋势。第一个（BAU情景）反映了每个国家当前的目标和行动计划，第二个（APS情景）包括每个国家目前正在考虑的额外的、更主动的目标和行动计划。通过从煤炭和石油到可再生能源和核能源的部分转移以及采用清洁煤炭技术、碳捕获和储存技术，可以在BAU情景下将能源的排放量减少8%，在APS情景下可以将能源的排放量减少19%。

鉴于该地区生猪供应链中由能源使用产生的排放量有85%～95%发生在农场外（化肥和食品工业、饲料和产品的运输等），假设在整个经济范围内已经实现的能源利用效率也适用于畜牧业生产（分别为BAU情景下15%和APS情景下32%）。

GLEAM对改进能源利用效率和能源排放强度进行了模拟，在BAU情景下能源排放强度降低23%，在APS情景下能量排放强度降低46%，这与Kimura（2012）的研究保持一致。

提高中级模式内饲料质量、动物健康和养殖水平

在饲料组合中增加优质成分（例如谷物、菜粕、矿物质和添加剂）的占比，可以提高饲料消化率和动物生产能力。由于生产每单位肉所产生的粪肥中，氮和有机物减少，粪肥的排放也会减少。健康措施有助于降低死

亡率、提高初产和断奶年龄，并且可在全球范围内随着产量的增加降低排放强度。

GLEAM按照如下条件对改善饲料质量措施进行模拟：

• 采用该地区中级模式中那些消化率最高的10%像元的值（即第90百分位数的值）作为中级模式的基准饲料消化率；

• 在国家层面上，动物生产性能水平的参数（如每日体重增加量、断奶年龄、初产年龄和死亡率），为GLEAM内中级模式和工业化模式的平均值。

假设采用玉米（在第90百分位数的饲料组合中占优势）来替代部分稻米产品可以提高饲料消化率。鉴于水稻排放强度较高，这将降低饲料的排放强度。然而，替代品也可能反过来增加饲料排放强度：对玉米的需求增加可能会使农业用地扩张，从而导致更高的饲料排放强度。解决这个问题需要进行相应的分析，特别是需要预测由于饲养方式变化而导致贸易流中供给方面的反应和变化。但与此相关的估计具有较大的不确定性，且在全球层面上难以确定，因此这不在本评估范围之内。但是，减排潜力仍是以更高的排放强度来重新计算的：采用每千克胴体排放0.9千克的排放强度（而不是每千克胴体排放0.79千克）将导致BAU能源情景下的减排潜力为基准排放量的24%，而在APS情景下为基准排放量的30%。

表A 修正GLEAM参数以评估东亚和东南亚集约化生猪生产的减排潜力

GLEAM参数	基准	减排情景	备注
肥料模块			
在厌氧消化器中处理的粪肥（%）	7.0（泰国15.0）	60.0	
饲料模块			
饲料消化率（%）	76.0	78.0	
饲料中含氮量 [克/千克（以胴体重计）]	31.8	33.8	
饲料可用能量 [千焦/千克（以胴体重计）]	18.7	19.8	
饲料消化能量 [千焦/千克（以胴体重计）]	14.3	14.8	中级模式中饲料消化率的第90百分位数
饲料代谢能量 [千克/千克（以胴体重计）]	13.8	14.2	
饲料排放强度 [千克/千克（以胴体重计）]	0.89	0.79	
畜群模块[①]	东亚和东南亚	东亚	东南亚

（续）

GLEAM参数	基准	减排情景		备注
每头（只）动物日增重（千克/天）	0.48	0.53	0.58	与国家层面上的中
断奶年龄（天）	40.0	32.5	37.0	级模式和工业化模式
初产年龄（年）	1.25	1.13	1.13	GLEAM内参数的平
成年死亡率（%）	3.0	4.3	4.3	均值相一致
幼犊死亡率（%）	15.0	13.0	13.0	
淘汰动物的死亡率（%）	4.0	3.5	3.5	
育肥动物的死亡率（%）	2.0	3.5	3.5	
系统模块		BAU	APS	
使用能源生产饲料所产生的排放的减少量	NA②	－23	－46	Kimura (2012)
直接和间接使用能源		BAU	APS	
能源排放强度的变化（%）		－23	－46	Kimura (2012)
		BAU	APS	
农场外排放	NA②	－23	－46	Kimura (2012)

注：①只适用于中级模式。
　　② NA=不适用。

6.2.3　减排潜力估算

随着粪肥管理的不断改善以及高效技术和低碳能源的采用，工业化模式的减排量可以达到基准排放的16%～25%，即2 100万～3 300万吨（表12）。使用节能技术可使排放量减少9.6%～19.3%，这是减少工业化模式排放的最有效措施。粪肥管理的改善可以减少4.2%的排放。

表12　东亚和东南亚地区的中级和工业化模式生猪生产的减排估计

养殖模式	中级模式		工业化模式		总商业化模式	
能源场景	BAU	APS	BAU	APS	BAU	APS
总减排潜力 （百万吨二氧化碳当量）	32	37	21	33	52	71
占基准排放的比例（%）	31.5	37.6	15.5	24.9	27.7	36.0
其中：						
来自粪肥的甲烷的减排量	9.2	9.2	4.2	4.2	6.1	6.1
沼气产生的能量	2.2	1.9	1.7	1.4	2.3	1.9
能量使用效率	4.9	9.8	9.6	19.3	9.9	19.0
饲料质量和动物表现	15.2	16.7	NA	NA	9.4	9.0

对中级模式中的畜群管理和饲料改进措施也进行了测试，其减排量可以达到基准排放的32%～38%（3 200万～3 700万吨）。大约一半的减排是通过提高饲料质量和动物生产能力来实现的。改善粪肥管理减少的甲烷排放量能够达到基准排放量的9.2%，使得该措施在中级模式比在工业化模式更有效。

如果将沼气产生的能源考虑在内，在BAU能源情景下，减排范围在工业化模式的5.9%至中级模式的11.4%。在APS能源情景下，减排略有下降，区间范围缩小至5.6%～11.1%。尽管预期措施的采用率相对较高，但在本案例研究中，通过能量循环实现的减排有限。

6.3 南美地区的肉牛生产

6.3.1 主要特点

（1）生产

南美地区[23]肉牛[24]产业的牛肉产量占全球肉牛产业牛肉产量的31%，占全球肉牛肉和奶牛肉总产量的17%。

（2）排放

南美肉牛产业每年排放约10亿吨的温室气体，占全球肉牛养殖排放量的54%，占全球畜牧业总排放量的15%。

南美肉牛产业的排放源主要有三个：肠道发酵（30%）；饲料生产，主要来自牧场粪肥的沉积（23%）；土地利用变化（40%）。

南美和全球肉牛生产供应链的排放强度分别为每千克胴体100千克和68千克。该地区排放强度较高的主要原因如下：

•土地利用变化。南美洲排放强度相对较高主要与土地利用变化引起的排放有关。如果将来自土地利用变化的排放排除在外，南美洲畜牧业的平均排放强度将降至每千克胴体6千克，仅比全球平均水平每千克胴体55千克高出9%。牧场扩张造成的森林滥伐，使得该地区土地利用变化产生的排放量较其他地区高。[25]

•饲料排放量与草地上的粪肥沉积有关。若将土地利用变化引起的排放排除在外，剩余的排放强度差异则可由南美地区饲料中较高的一氧化二氮排放解释，南美地区肉牛饲料中一氧化二氮的排放强度比全球平均水平高出33%（23千克/千克比17千克/千克）。这是因为南美洲的肉牛大部分是以草食为主，动物生长相对缓慢，沉积在牧场上的粪肥容易形成一氧化二氮。

---

[23] 包括以下国家：阿根廷、玻利维亚、巴西、智利、哥伦比亚、厄瓜多尔、圭亚那、巴拉圭、秘鲁、乌拉圭和委内瑞拉。
[24] 指仅用作生产牛肉的牛群，即不包括来自奶牛生产的肉类。
[25] 见FAO，2013a。

•繁殖动物比重较高。由于繁殖群体的排放量占比较大，但产量很少，因而对肠道甲烷排放量的贡献远高于其他畜群。繁殖动物的较大规模与该地区较低的生长率［该区雌性和雄性分别为0.34千克/（头·天）和0.43千克/（头·天），全球平均值分别为0.45千克/（头·天）和0.57千克/（头·天）］和较低的生育率有关（该区为73%，全球平均水平为79%）。较低的生长率会提高初产年龄（小母牛达到性成熟需要更多的时间），并延长肉类动物达到屠宰体重所需的时间。而另一方面，南美洲的死亡率和平均饲料消化率与全球平均水平相当。

6.3.2 减排措施探讨

本案例探讨了以下措施的减排潜力：

•提高草场质量。种植更优质的牧草和更好的牧场管理可以改善饲料的消化率和养分的质量，这会导致动物生长速度加快和初产年龄提前。更好的营养水平也可以提高牛的生育率，并降低牛犊和成年牛的死亡率，从而改善个体动物和整个畜群的生产能力（FAO，2013c）。

•提升动物健康和养殖水平。预防性的健康措施也被认为在降低死亡率和提高生育率方面发挥了作用，从而改善了个体动物和整个畜群的生产能力，如接种疫苗以控制疾病和减轻压力（提供荫蔽处和水源）。

•优化放牧管理（土壤碳固存）。提高放牧管理水平（改善饲料生长、可用性和放牧之间的平衡）对促进饲料生产和土壤碳固存的影响也做了评估。

以上前两个措施的减排潜力是通过修改GLEAM中与饲料质量和动物生产能力（生长率、初产年龄、生育率和死亡率）相关的参数来计算的，而第三个措施则是使用Century模型进行评估。减排潜力的测算是基于两种情景：一种是适度的，另一种则是对减排方案有效性更乐观的假设（技术说明3）。

6.3.3 减排潜力估算

随着饲料质量、动物健康和养殖水平以及碳固存能力的不断提高，减排量可以达到基准排放量的18%～29%，即1.9亿～3.1亿吨（表13）。

表13 南美洲肉牛生产的减排估计

	适度	潮湿	干旱	总量
总减排潜力（百万吨）	9.2～13.0	156.0～255.0	24.0～42.0	190.0～310.0
占基准排放的比例（%）	39.4～57.5	17.5～28.4	16.3～28.9	17.7～28.8
其中：				
提高饲料质量	4.4～10.0	3.6～8.9	3.5～8.9	3.6～9.0
提高生育率	7.5～12.0	3.7～5.7	3.2～5.4	3.7～5.8
降低死亡率	20.0～28.0	9.～13.0	8.0～13.0	9.4～13.0
土壤碳固存	7.5	0.8	1.6	1.0

在每个气候区，死亡率下降是减排的最大贡献者。饲料质量和生育率对减排的贡献率相当，而土壤碳固存对减排具有较为适中但仍然重要的影响，特别是在干湿适度的气候区。估计每年约8 000万公顷草原的土壤碳固存为1 100万吨。对比来看，巴西政府致力于在2010—2020年通过巴西政府低碳农业项目（ABC）[26]恢复1 500万公顷的退化草原，以实现8 300万 ～ 10 400万吨的碳固存目标，这意味着封存830万 ～ 1 040万吨。尽管这与本研究中估计的数值非常相似，但ABC项目活动是在更小的区域实施，且是在恢复退化草原，而本评估是基于优化所有草原的放牧强度。尽管ABC计划中每公顷草原的碳固存率更高，但仍与文献中恢复退化草原取得的碳固存相一致（Conant和Paustian，2002）。

在最乐观的情况下，减排措施的综合影响使得动物总数量减少了25%。大部分是由于繁殖动物的减少，繁殖动物下降了36%。最显著的是，较高的生长率和生育率以及较低的死亡率的综合影响将所需的替代性雌性动物数量减少了44%。生产力更高的畜群对成年雌性动物的需求更少，且对作为替代动物的雌性牛犊的需求也减少。因此，屠宰的育肥牛中雌性动物的比例从基准水平49%上升到65%。

技术说明3　南美肉牛生产的减排方案

改善草场质量（消化率、生长率和初产年龄）

降低细胞壁浓度可以提高饲草消化率（Jung和Allen，1995），包括种植质量更好的牧草和推行更好的牧场管理（FAO，2013c; Alcock和Hegarty，2006; Wilson和Minson，1980）。根据Thornton和Herrero（2010）的报告，估计用可消化的臂形草替代本地的塞拉多草可以使肉牛的日生长率增加170%。

GLEAM按照如下条件对改善饲料质量措施进行模拟：

•总饲料消化率假定提高1% ～ 3%。

•假定饲料消化率每增加1%，肉牛的平均年生长率就会增加4%，据此测算生长率（Keady等，2012; Steen，1987; Manninen等，2011; Scollan等，2001; Bertelsen等，1993）。

提高动物健康和养殖水平（生育率和死亡率）

在发展中国家，营养不足是限制反刍动物生育能力的主要因素（FAO，2013c）；因此，前文所述饲料质量的改善将有助于提高生育能力。除营养外，降低压力（通过提高遮荫和水源的获取性）和采取预防性卫生措施也被认为在降低死亡率和提高生育率方面发挥作用，如接种疫苗以减少疾病

---

[26] http://www.agricultura.gov.br/desenvolvimento-sustentavel/recuperacao-areas-degradadas

感染率。通过对GLEAM中个体动物和整个畜群的能力参数进行以下调整，以反映提高饲料消化率、动物健康和养殖水平的综合效应：

• 成年雌性动物的生育率从69%～74%的平均水平提高到85%～90%。每个气候区的上限都是通过与区域动物养殖专家沟通确定的（Diaz，2013）。

• 另外，还采用了一系列改善死亡率的措施。表A所示死亡率改善的上限是拉丁美洲和加勒比地区GLEAM观察到的死亡率最低国家的平均水平，而改善的下限则是这些最低死亡率和基准死亡率之间的平均值。它们代表了在保守假设下减排措施可以达到的效果。

放牧管理的优化（土壤碳固存）

草原土壤碳固存的估算来自FAO的一项研究（第2章和附录），该研究运用Century模型来估算世界草地的土壤碳固存潜力。与南美牧场肉牛群相关的每公顷牧场的碳固存率，就来自于Century模型评估（表A）。

Century模型评估通过调高和调低放牧强度，以更好地适应草原饲草资源，从而优化饲草生产。通过优化饲草生产，更多的有机物回归土壤，这反过来又增加了有机碳在土壤中的储存数量（Conant等，2001）。详情请见附录。

表A 修正GLEAM参数以评估南美洲肉牛生产的减排潜力

GLEAM参数	基线	减排情景	备注
饲料模块			
饲料质量（%）			
饲料消化率（适度）	57.0	58.0～60.0	假设每个农业生态区（AEZ）增
饲料消化率（潮湿）	63.0	64.0～66.0	加1%～3%。详情见正文。
饲养消化率（干旱）	63.0	64.0～66.0	
畜群模块			
动物表现：和饲料质量有关			
每日增加体重（千克／天）			
雌性（适度）	0.31	0.32～0.35	
雄性（适度）	0.40	0.42～0.45	
雌性（潮湿）	0.33	0.34～0.37	
雄性（潮湿）	0.42	0.44～0.47	
雌性（干旱）	0.38	0.39～0.42	
雄性（干旱）	0.48	0.50～0.54	
初产年龄（年）			
适度	3.5	3.3～3.0	生长率与消化率有关。详情见
潮湿	3.4	3.2～2.9	正文。
干旱	3.1	3.0～2.7	

（续）

GLEAM 参数	基线	减排情景	备注
动物表现：生育率与死亡率（%）			
成年动物生育率（适度）	69.0	80.0 ~ 90.0	最大值基于专家知识（Diaz，2013）。
成年动物生育率（潮湿）	73.0	79.0 ~ 85.0	下限是最大值和观测值之间的中点。
成年动物生育率（干旱）	74.0	79.0 ~ 85.0	
成年动物死亡率（适度）	19.0	13.0 ~ 8.0	最小值根据中美洲国家的平均水
成年动物死亡率（潮湿）	15.0	11.0 ~ 8.0	平。上限介于最大值和观测值之间。
成年动物死亡率（干旱）	14.0	11.0 ~ 8.0	
幼年动物死亡率（适度）	9.0	6.0 ~ 2.0	最小值根据南美洲死亡率最低国
幼年动物死亡率（潮湿）	6.0	4.0 ~ 2.0	家的平均值。上限介于最大值和观测
幼年动物死亡率（干旱）	5.0	4.0 ~ 2.0	值之间。
土壤碳固存［吨／（公顷·年）］[①]			
适度	0	0.04	结果来自Century模型。比率分别
潮湿	0	0.12	适用于温带、湿润和干旱农业生态区
干旱	0	0.08	的530、7 310和7 140万公顷。

注：① 不在GLEAM，见第2章。

6.4　西非地区的小型反刍动物生产

6.4.1　主要特点

（1）生产

西非地区[㉗]的小型反刍动物行业在2005年生产了64.2万吨肉类，[㉘]相当于西非所有反刍动物肉类总产量的53%。该行业还提供了7.28万吨的脂肪和蛋白质校正乳，约占该地区奶类总产量的1/3。

由于对恶劣气候有较好的适应性，小型反刍动物非常适合该地区，它们是脆弱家庭重要的且风险较低的食物和收入来源（Kamuanga等，2008）。在该地区，农村居民收入的40%~ 78%来自于农业（Reardon，1997）。

（2）排放

西非小型反刍肉类生产的排放强度为每千克胴体36千克，比全球平均水平每千克胴体23千克高出55%。西非小型反刍动物奶类生产的排放强度为每千克脂肪和蛋白质校正乳8.2千克，比全球平均水平6.8 千克高出30%。该排放强度水平主要是由于较低的动物健康和营养水平导致畜牧生产力较低。

㉗　西非地区包括以下国家：贝宁、布基纳法索、佛得角、科特迪瓦共和国、冈比亚、加纳、几内亚比绍、利比里亚、马里、毛里塔尼亚、尼日尔、尼日利亚、圣赫勒拿、阿森松和特里斯坦达库尼亚、塞内加尔、塞勒里昂和多哥。
㉘　用胴体重（CW）表示。

• 饲料质量差（饲料消化率低）。西非小型反刍动物的平均饲料消化率为55%，全球平均水平为59%。低消化率导致消化系统的甲烷排放较高。因此，西非小型反刍动物肉类生产的肠道甲烷排放强度较高，达到每千克胴体25千克，而全球平均值为每千克胴体13千克。

• 动物健康水平较低。由于对动物的生长、生育和死亡率产生负面影响，较差的饲料质量和动物健康水平降低了西非地区小型反刍动物的生产率。该地区雌性和雄性动物的生长率分别为0.04千克／（头·天）和0.05千克／（头·天），而全球平均速度分别为0.07千克／（头·天）和0.09千克／（头·天）；西非的生育率为82.6%，全球平均水平为84.3%；西非的成年和幼年动物死亡率分别为9.5%和26.0%，全球平均水平分别为8.8%和20.6%。较低的生长率和生育率以及较高的死亡率使得繁殖动物的规模扩大。

6.4.2 减排措施探讨

案例研究探讨了解决个体动物和整个畜群生产力较低问题的减排方案：

• 改善饲料质量。饲料消化率的提高可以通过对当地可获得的作物残留物进行加工（例如用尿素处理秸秆）和添加更优质的青饲料（例如多用途豆科饲料）来实现。提高饲料消化率将改善个体动物和整个畜群的生产性能。

• 提升动物健康、养殖和繁育水平。预防性健康措施，如疫苗接种以控制疾病、降低压力（例如，提供荫蔽处和水源），以及低投入的繁育策略等，有助于降低死亡率和提高生育率，从而改善个体动物和整个畜群的生产性能。

• 优化放牧管理（土壤碳固存）。优化放牧管理，例如，提高流动性、更好地平衡放牧和休息的时间，可以对饲料生产和土壤碳固存产生积极影响。

前两种措施的减排潜力是通过修改GLEAM中与饲料质量和动物生产性能（生长率、产奶量、初产年龄、生育率和死亡率）相关的参数来计算的，而第三种措施则是运用Century模型。与第3个案例研究一样，减排潜力的计算分为两个情景：一种是适度的，另一种则是对减排方案有效性更乐观的假设（技术说明4）。

6.4.3 减排潜力估算

通过提高饲料消化率、动物健康水平、养殖与繁育水平以及碳固存能力，减排量可能会达到年度基准排放量的27%～41%，或770万～1 200万吨（表14）。绵羊的减排潜力高于山羊，因为绵羊的生育率和死亡率比山羊有更大的可填补差距，从而使其在提高动物和畜群的生产性能方面具有更广阔空间。

降低死亡率对绵羊的减排最为重要，而提高饲料质量对山羊最为有效。土壤碳固存是整个小型反刍动物行业中的第三大减排贡献者（考虑到其他做法有减排上限），其抵消了该行业近10%的总排放量。

与所有反刍动物行业一样，维持较大的动物数量和存栏，特别是畜群中的繁殖群体，消耗了大量资源并产生排放。综合多种减排措施估计可以减少维持基准产量所需的动物存栏数量，绵羊可以减少1/3，而山羊可以减少1/5。

表14 西非小型反刍动物的减排估计

	适度	潮湿	干旱	总量
总减排潜力(百万吨)	4.7 ~ 7.1	3.0 ~ 4.9	7.7 ~ 12.0	4.7 ~ 7.1
占基准排放的比例（%）	32.7 ~ 48.7	20.7 ~ 33.1	26.6 ~ 41.3	32.7 ~ 48.7
其中：				
饲料质量的提高	4.7 ~ 12.0	5.4 ~ 13.0	5.0 ~ 13.0	4.7 ~ 12.0
生育能力的提高	6.0 ~ 6.7	1.9 ~ 2.5	4.0 ~ 4.6	6.0 ~ 6.7
死亡率的改善	11.0 ~ 19.0	5.0 ~ 9.2	7.9 ~ 14.0	11.0 ~ 19.0
土壤碳固存	11.0	8.4	9.7	11.0

技术说明4 西非小型反刍动物生产的减排方案

改善饲料质量（消化率、生长速率和产奶量）

对当地可获得的作物残留进行加工以及向动物饲料中添加优质青饲料，如多用途豆科饲料，可以提高饲料的消化率（Mohammad Saleem，1998；Mekoya等，2008；Oosting等，2011）。尿素处理是一个提高作物残留 [如在小型反刍动物口粮中占比较大（39%）的秸秆] 消化率和营养价值的可行措施。该方法可以将作物残留的消化率提高约10个百分点（Walli，2011）。

GLEAM按照如下条件对改善饲料质量措施进行模拟：

•饲料消化率增加1% ~ 3%。

•假定消化率每增加1%，动物平均年生长率增加4%，据此重新计算生长率（Keady等，2012；Steen，1987；Manninen等，2011；Scollan等，2001；Bertelsen等，1993）。

•假设口粮消化率增加1%将刺激单位动物产奶量提高4.5个百分点（Keady等，2012；Manninen等，2011；Scollan等，2001；Bertelsen等，1993）。

提高动物健康、养殖和繁育水平（生育率和死亡率）

在发展中国家，营养不足是限制反刍动物生育率的主要因素（FAO，2013c）；因此，上述改善饲料质量的措施将有助于提高生育率。低投入的繁殖策略，如减少近亲繁殖（Zi，2003；Berman等，2011）以及挑选生育率较高的雄性动物育种来提高生育率则是一种长期措施（FAO，2013c）。

动物的健康受到生产模式许多方面影响，营养、减少压力以及预防性健康措施，如接种疫苗以减少感染率等，也被认为在降低死亡率和提高生育率方面发挥作用。

提高饲料消化率、动物健康和养殖水平的综合效应主要表现为GLEAM中动物和畜群的生产性能参数发生如下变化。幼犊和成年动物的生育率和死亡率调整如下：表A所示生育率改善的上限是，在GLEAM中观察到的北非地区绵羊和山羊生育率最高国家的平均水平。死亡率改善的上限是，GLEAM中分别在西非和西亚地区观察到的绵羊和山羊死亡率最低国家的平均水平。在所有情况下，改善的下限都是按照这些最佳水平和基准水平之间的平均值计算的。它们代表了保守假设下减排措施能够实现的效果。

优化放牧管理（土壤碳固存）

对草原土壤碳固存的估算来自于FAO的研究（第2章和附录），该研究使用Century模型来估计世界草原的土壤碳固存潜力。Century模型对与小型反刍动物群有关的每公顷西非草原的碳固存率进行了评估（表A）。

Century模型评估使用的方法是通过调高和调低放牧强度，以更好地匹配草原的饲草资源，从而优化牧草生产。这可以通过增加流动性和调整放牧与牧场休养时间来实现。通过优化饲草生产，更多的有机物回归到土壤中，反过来增加了土壤中有机碳的储存数量（Conant 等，2001）。详情参见附录。

表A　西非小型反刍动物行业的减排措施评估

GLEAM参数	基准	减排情景	备注
饲料模块			
饲料质量（%）			
饲料消化率(绵羊)	54.0	55.0 ~ 57.0	假设每个农业生态区增加1% ~ 3%。详情见正文。
饲料消化率(山羊)	54.0	55.0 ~ 57.0	
畜群模块			
动物表现——饲料质量相关			
日体重增加量（千克／天）			
绵羊（雌性）	0.054	0.057 ~ 0.062	
绵羊（雄性）	0.073	0.077 ~ 0.083	生长率与文献中的消化率有关。详情见正文。
山羊（雌性）	0.033	0.034 ~ 0.043	
山羊（雄性）	0.038	0.040 ~ 0.043	
牛奶产量（千克／天）			

（续）

GLEAM参数	基准	减排情景	备注
绵羊	0.085	0.089 ~ 0.096	
山羊	0.135	0.141 ~ 0.153	
初产年龄（年）			
绵羊	1.42	1.35 ~ 1.23	
山羊	1.90	1.81 ~ 1.64	
动物表现——生育和死亡率（%）			
成年雌性生育率（绵羊）	78.0	83.0 ~ 88.0	上限是基于北非生育率最高国家的平均值。下限是最大值和观测值之间的平均值。
成年雌性生育率（山羊）	88.0	90.0 ~ 92.0	
成年动物死亡率（绵羊）	13.0	10.0 ~ 8.0	绵羊和山羊的最小值分别是基于西非和西亚的最低平均水平。较高值是最大值和观测值之间的平均值。
成年动物死亡率（山羊）	7.0	5.0 ~ 4.0	
幼年动物死亡率（绵羊）	33.0	23.0 ~ 13.0	
幼年动物死亡率（山羊）	21.0	18.0 ~ 16.0	
土壤碳固存[①] [吨/（公顷·年）]			
	0	0.17	结果来自Century模型的分析。比率适用于1 640万公顷。

注：①不在GLEAM中，参见第2章。

6.5　经合组织国家的奶类生产

6.5.1　主要特点

（1）生产

虽然经合组织国家[㉙]的奶牛数量只占全球的20%，但其产量却占全球牛奶产量的73%。在这些国家，混合模式居主导地位，其占牛奶总产量的84%。在经合组织内，欧盟的牛奶产量占比37%，北美洲则占22%。自20世纪80年代以来，在本地和全球奶产品需求增长的推动下，北美洲和大洋洲的牛奶产量一直增加，但欧盟实行配额政策以后，其牛奶产量一直保持稳定。

经合组织内不同国家的混合奶类模式不同，但大部分国家的生产水平都较高，且具有采用减排措施的能力。鉴于这些相似之处，尽管本研究中一些结

㉙　包括奥地利、比利时、捷克、丹麦、爱沙尼亚、芬兰、法国、德国、希腊、匈牙利、爱尔兰、意大利、卢森堡、荷兰、波兰、葡萄牙、斯洛伐克、西班牙、瑞典、英国、瑞士、挪威、冰岛、智利、墨西哥、以色列、土耳其、日本、韩国、澳大利亚、新西兰、加拿大和美国。

果仅反映了经合组织中的个别国家和地区，本案例研究仍将经合组织国家看作一个整体。

（2）排放

虽然经合组织国家混合奶类生产的平均排放强度低于世界平均水平（经合组织国家和世界分别为每千克牛奶1.7和2.9千克[30]）。但经合组织国家混合奶类模式的排放量达到3.91亿吨，占全球牛奶生产总排放量的28%，占全球畜牧业总排放量的6%。排放的主要来源有：

•肠道发酵。以甲烷的形式，它是排放的主要来源，占西欧和北美混合模式下牛奶总排放量的30%，东欧占42%，大洋洲占38%。肠道排放的主要驱动因素是饲料消化率，经合组织国家的饲料消化率较高：北美洲、西欧和大洋洲分别为72%、77%和73%，而全球平均水平为60%。

•粪肥。在那些牛被圈养且粪肥以液体形式（例如积累在池中的粪液）管理的模式中，粪肥排放特别高，如北美洲，其排放量占混合模式下牛奶生产总排放量的17%。混合模式粪肥排放的世界平均水平为4%。欧洲和大洋洲的粪肥排放量较低，因为其奶牛粪肥不是储存在池中，而是储存在坑里或以固体形式管理，或放牧期间堆在草地上。

•与饲料生产、农场和农场外活动有关的能源排放。在北美洲、东欧和西欧，混合模式中饲料生产（如现场作业、饲料运输和加工以及化肥生产）期间使用能源所产生的排放量，约占牛奶生产排放总量的15%。在大洋洲此类排放占比最小（4%）。由于机械化程度高，经合组织国家的混合模式中，与农场能源使用[31]有关的排放量较高（约占牛奶生产排放总量的4%，混合模式的全球平均水平为2%左右）。经合组织国家中的乳制品加工业十分发达，其混合模式内农场外活动（牛奶加工和运输）产生的排放对行业排放量的贡献也较大：北美洲和大洋洲为15%，西欧为11%，而混合模式的世界平均水平为6%。

6.5.2　减排措施探讨

考虑到经合组织国家混合奶类模式排放的主要来源，本案例研究探讨了以下措施的减排潜力：

•添加饲料脂质。在泌乳期奶牛的口粮中使用亚麻籽油或棉籽油以减少肠道发酵。

•改善粪肥管理。广泛使用厌氧消化器以降低甲烷排放，并生产可替代其他能源的沼气。

•采用节能技术和低碳能源。减少饲料生产、农场管理和农场外活动的相关能源排放。

---

[30] 脂肪和蛋白质校正乳。
[31] 直接用于农场的能源以及间接用于农场设备设施的能源。

通过修改GLEAM中与粪肥管理、能源利用、饲料质量和动物生产性能等相关的参数来计算减排潜力。同时，在对饲料脂质的有效性做出适度和更乐观假设的情况下，估算饲料脂质的减排潜力（技术说明5）。

6.5.3 减排潜力估算

随着粪肥管理、能源利用、饲料质量和动物生产性能的改善，温室气体减排量可以达到基准排放量的14%～17%，及全球奶业排放量的4%～5%，即5 400万～6 600万吨（表15）。

西欧减排潜力的范围在11%～14%，澳大利亚和新西兰在11%～17%。由于北美洲地区用厌氧消化器替代粪肥池的潜力更加巨大，其减排潜力更高（25%～28%）。

在西欧和整个经合组织，能源的高效利用对温室气体减排的贡献最大（约5%）。

在北美洲，推广使用厌氧消化器（减排潜力最大的措施）可以减少12.7%的排放。在大洋洲，由于肠道排放基准水平较高，大部分减排来自饲料脂质的使用（3%～9%的减排潜力）。饲料脂质的使用对北美洲和西欧的影响较小（占1%～4%），但从绝对值来看，其减排潜力也不可忽视：北美洲地区为150万～440万吨，西欧为230万～680万吨。沼气生产可以通过替代化石燃料来减少能源的排放，其减排潜力的范围最低在液体粪肥储存不多的澳大利亚和新西兰，为1%左右，最高到北美洲地区的4%。甲烷排放量减少和能源替代的集成减排效应在大洋洲的3.9%到北美洲的17.1%之间。[32]

技术说明5　经合组织国家奶类生产的减排方案

添加饲料脂质

在减少肠道甲烷排放的各种饲料添加剂中，如亚麻籽油或棉籽油等脂质的成本虽然较高，却越来越被认为是最可行的（Beauchemin等，2008）。如果向混合模式内泌乳期奶牛饲料中占比高达8%的干物质添加脂质，可以减少10%～30%的肠道甲烷排放（Nguyen，2012，Grainger和Beauchemin，2011；Rasmussen和Harrison，2011）。虽然几个科学实验的综合分析表明，添加饲料脂质对生产力有积极影响（Rabiee等，2012；Chilliard和Ferlay，2004），但一些饲料脂质也被指对干物质摄取量和牛奶产量有不利影响（Martin等，2008）。在具体实践中，添加剂通常不向整个

---

[32]　这些减排潜力的测算与奶业部门自愿采取的减排举措相一致。美国奶业创新中心表示该行业目标是在2009—2020年减排25%（美国奶业创新中心，2008）。在西欧，由英国奶业供应链论坛编制的"牛奶路线图"（2008）表示有意将1990—2020年的奶业生产排放量减少20%～30%，并将行业能源效率每年提高1.3%。

泌乳畜群提供，而仅向生产性能高于平均水平的动物提供。

通过将半数泌乳奶牛的肠道甲烷排放量减少10%～30%（表A），GLEAM对饲料添加剂的使用进行了模拟。

改善粪肥管理

厌氧消化器用于液体粪肥的处理，是减少粪肥中甲烷排放的最有前景的措施之一（Safley和Westerman，1994; Masse等，2003a，2013b）。当正确操作时，厌氧消化器也是沼气这一可再生能源的来源之一，按照基质和运行条件，沼气含60%～80%的甲烷（Roos等，2004）。

GLEAM按照如下条件对改善粪肥管理进行模拟：

•假设将粪池或粪坑中60%的粪肥以及基准场景下每天所产粪肥的25%转移到厌氧消化器中。因此，在厌氧消化器中处理的粪肥所占比例涵盖了从0（基准粪肥管理模式不包括任何液体形式的地区，如希腊、土耳其、以色列）到40%以上（液体粪肥在基准情景中十分普遍的地区，如德国、荷兰、丹麦和美国）。

•计算粪肥厌氧消化所产生的沼气，并估算沼气产生能源所节省的二氧化碳排放量。

采用节能技术和低碳能源发电

降低能源的排放强度需要脱碳化发电，这可以通过转向可再生能源生产及更广泛的碳捕获和储存技术来实现（国际能源署，2008）。国际能源署（IEA）的报告（2008）评价了经合组织国家到2050年的能源发展路径及其对温室气体排放的影响。在国际能源署（2008）描绘的蓝图中，通过降低能源排放强度，并将所有经济部门的能源利用效率每年提高1.7%，到2050年排放量将比2005年减少50%。

通过与2030年情形相对应，将来自能源的排放量降低15%，GLEAM对提高能源利用效率和降低能源排放强度进行了模拟。

表A 修正GLEAM参数以评估经合组织国家混合奶类生产的减排潜力

GLEAM参数	基准	减排情景	备注
系统模块			
肠道甲烷的减排量（%）	0	10～30	Nguyen（2012），Grainger和Beauchemin（2011），Rasmussen和Harrison（2011）。基于IEA（2008）。
奶牛采用率（%）	0	50	
用于生产饲料的能源排放（%）	NA	－15	

（续）

GLEAM参数	基准	减排情景	备注
粪肥模块			
厌氧消化处理粪肥的百分比（%）	0[①]	0 ~ 53	将液体粪肥部分转移到消化池（粪池和粪坑中粪肥中的60%，日常产出的25%）。
农场直接和间接能源的使用			
来自能源的排放（%）	NA[②]	− 15	基于IEA（2008）。
农场外排放			
来自能源的排放（%）	NA[②]	− 15	基于IEA（2008）。

注：①由于采用率低，假定为零。
②NA：不适用。

表15　经合组织国家的混合奶类模式的减排估计

	北美洲的经合组织国家	西欧的经合组织国家	大洋洲的经合组织国家	所有经合组织国家
总减排潜力（百万吨）	25 ~ 28	21 ~ 26	2 ~ 4	54 ~ 66
占基准排放量的比例（%）	24.8 ~ 27.7	11.2 ~ 13.6	11.2 ~ 17.4	13.8 ~ 16.8
其中：脂肪补充	1.5 ~ 4.4	1.2 ~ 3.6	3.1 ~ 9.3	1.5 ~ 4.5
粪肥管理	12.7	2.8	3.2	4.9
沼气生产	4.4	2.4	0.7	2.4
能源利用效率	6.2	4.8	4.2	5.0

6.6　生产力提高的潜力

许多减排措施可以同时使排放强度降低和产量增加，改善饲料和饲养，提高动物健康水平和畜群管理水平等措施尤其如此。

6.6.1　保持产量不变的原因

由于各种原因，GLEAM在计算减排情景时，产量保持不变。首先，它可以清晰地比较不同模式和措施之间的减排效应。其次，由于GLEAM是一种静态的生物物理模型，它并不包括畜产品的经济供需关系，因此，减排措施造成的任何产量增加都可能不准确。这主要是因为畜产品供给量的增加会降低产品价格，促使生产者随之减少供给。但当减排措施降低生产成本时，这些负面影响可能会被抵消甚至消失，导致消费增加。因此，在没有严格的经济框架来估计这些重要和复杂的市场反馈的情况下，需要保持产量不变。

6.6.2 对变化进行模拟以更好地了解产量的增长和排放的减少

通过保持产量不变，基于生产力和饲料质量改进的减排措施有可能使生产基准产量所需的动物数量减少，从而降低排放强度。

相反地，若在保持成年雌性动物[33]数量不变的情况下，对减排措施进行测试，那么估计在5个采取提高动物生产性能减排措施的案例中，有4个的产量有所增长（表16）[34]当然，当GLEAM在此情形下运行时，减排潜力的绝对值要低于在产量保持不变时。尽管如此，在此情形下，4个案例中仍有3个案例的减排措施可以同时提高产量并减少排放。

在南亚的混合奶类模式中，所选减排措施不仅可使产量增长24%，也可使排放量减少23%。 在西非地区，所选减排措施可分别使肉类和奶类产量提高19%～40%和5%～14%，使排放量减少7%～19%。在亚洲的商业化生猪养殖中，所选减排措施可使产量增加7%，同时排放量减少22%～30%。

由于减排措施可以提高动物生产率，反刍动物行业的产量增长最明显，而排放量减少最小。相比之下，商业化生猪产业的产量略有增长，但排放量减少更大，这是因为能源效率和案例研究提到的"末端"减排措施对其更加有效。

表16 四个案例研究中保持动物数量不变对产量和排放量的影响评估[*]

	南亚混合模式	东亚和东南亚商业化生猪生产	南美肉牛生产	西非小型反刍动物生产	
				肉	奶
产量（百万吨脂肪和蛋白质校正乳或胴体重）					
基准	56	50	10.7	0.64	0.73
减排情景	69	53	13.5～15.7	0.76～0.90	0.76～0.83
相对于基准的变化（%）	24	7	27～48	19～40	5～14
排放量（百万吨）					
基准	319	234	1 063	29	
产量不变的减排潜力	199	152～169	753～874	17～21	

[33] 该动物群体是生产的核心，也是FAO统计数据库中除动物总数以外的唯一可用的动物数据。
[34] 经合组织国家混合奶类模式的减排方案对生产力和总产量没有影响。

（续）

	南亚混合模式	东亚和东南亚商业化生猪生产	南美肉牛生产	西非小型反刍动物生产	
				肉	奶
相对于基准的变化（%）	－38	－28～－35	－29～－18	－41～－27	
产量增加的减排潜力	247	163～182	1 126～1 128	24～27	
相对于基准的变化（%）	－23	－22～－30	+6.0～+5.8	－19～－7	
排放强度（千克二氧化碳当量/千克蛋白质校正乳或胴体重）					
基准	5.7	4.7	100	36	8.2
减排潜力	3.6	3.0～3.4	72～83	22～29	5.3～6.8
相对于基准的变化（%）	－38	－28～－35	－28～－16	－40～－20	－35～－17

＊：四个案例研究中的减排措施在上文进行了讨论。

7 对政策制定的影响

摘 要

畜牧业应该成为气候变化应对措施的一部分：其温室气体排放量很大，但可以通过干预措施来减少，这些减排措施同时适用于发展和环境目标。

排放强度与资源利用效率之间有很强的联系。大多数减排措施可以使畜牧业供应链的资源利用效率得到提高。

实现畜牧业的减排和促进可持续发展需要政策上的支持、适当的体制框架和更加积极的治理。

推广和能力建设政策可以促进便捷的有效措施和技术进行转让和使用。资金激励是重要的补充政策工具，特别是对那些提高了农民风险和成本的减排策略而言。

研究与开发对提高有效减排方案的可用性和经济可行性至关重要。为开发更精确和经济可行的评估方法，还需要进行大量额外的研究，通过试点和提供新的减排技术来验证减排方案的成功。

通过提高生产效率来减排的措施和技术对于最不富裕国家至关重要，因为它们可以保持减排与粮食安全、农村生计之间的最低平衡。

应努力采取措施确保在《联合国气候变化框架公约》内外，现行的地区、国家和国际层面上的规定和规则，能为减少畜牧业排放提供更强的动力，并确保不同经济部门的各项努力处于平衡。

近年来，公共和私人部门采取了许多有趣和有前景的措施来减少畜牧业的排放量，或者说更多的是解决可持续发展问题。

由于全球畜牧业的规模较大和其复杂性，所有利益相关团体（包括生产者、行业协会、学术界、公共部门、政府间组织和非政府组织）需要采取协调一致的全球行动，以设计和实施经济有效的、公平的减排战略和政策。

畜牧业与气候变化有关。畜牧业产生了71亿吨的全球人为温室气体排放量，如果将其列入到任一解决气候变化的方案中，这个数值可以轻松减少1/3。

要实现畜牧业的减排潜力，我们需要有政策支持、适当的体制框架和更积极的治理，并促进畜牧业可持续发展。

畜牧业在实现粮食安全方面发挥了关键作用，特别是在恶劣的农业环境中；然而，畜牧业的增长和自然资源的相关使用主要是由新兴经济体的城市消费者所推动。到2050年，对畜牧业产品的需求预计将增长70%，这一增长带来的不平衡性以及随之而来的环境和社会经济后果愈发令人担忧。到目前为止，大部分需求增长都是通过快速发展的现代生产形式来满足的，而依赖畜牧生存的亿万游牧者和小企业几乎没有机会获得新兴的增长机会。另外，人们也越来越关注生产的增长对该行业赖以生存的自然资源的影响，比如对农业用地的影响。

政策制定者需要提出既能保持发展又能保护环境的减排战略。通过提高生产效率的现有做法可以实现该部门大部分的减排目标，这种做法既可以减少排放，同时也可以实现粮食安全和创收等社会、经济目标。插文5总结了本评估所述的主要减排策略。相应地，那些能够带来利益的减排政策可能会获得更大的成功和理解。本章探讨了主要可用的减排策略，哪些政策可以被支持采用，同时还讨论了现有国家层面的政策框架的作用，以及加快畜牧业减排的措施。

7.1 减排政策简述

政策制定者可采取的减排政策措施并不只是针对气候变化或牲畜，对于大多数环境管理和发展问题都是一样的：

•推广和农业支持服务：这套方法通过提供改进的方法和技术、技术应用的知识和能力，以及新兴市场机会的信息，推动减排和发展的实践变革。常用的方法包括交流、培训、示范农场及方便部门利益相关者之间联系的网络。

•研究和开发：研究和开发必须为减排技术和措施建立事实依据。它在改进现有技术和措施，提高其适用性和经济性方面发挥重要作用，同时也是提供更新、更先进减排技术和措施所必需的。

•资金激励：包括"受益人支付"机制（减免补贴）或"污染者支付"机制（排放税和可交易许可证），这些是鼓励采用减排技术和措施的经济有效机制。

•法规：包括减排指标在农民和部门中的分配，以及更详细的规定，例如强制使用某种具体的减排技术和措施。

•市场摩擦手段：包括旨在加快不同畜产品排放量信息的流动（例如标签制度）。这可以帮助消费者和生产者更好地将消费和生产偏好与这些商品的排放情况相联系。

•宣传：包括加强认识畜牧业在应对气候变化中的作用，影响和促进畜牧业的减排政策制定，例如各国政府在《联合国气候变化框架公约》磋商进程中的表述。

根据本报告中的减排评估，本章重点介绍支持供给侧减排方案的政策。虽然直接针对畜产品消费者的需求侧减排方法也很重要，但这不在本报告的研究范围内。

7.2   减排政策的目标

所有子行业和地区都具有减少温室气体排放的潜力。虽然需要更多研究来更好地了解这种减排潜力，但本评估中描述的排放概况为减排政策提供了首要目标。例如，如果减排政策是针对排放水平和排放强度最高的行业和地区，产生的效果就可能会达到最大。

7.2.1   高排放强度的部门

如果减排政策聚焦于高排放的反刍动物，特别是在那些不发达国家，则可能产生最大的影响。排放情况显示，仅牛的温室气体排放量即占畜牧业的2/3。若将所有反刍动物作为整体考虑，则反刍动物占畜牧业温室气体的排放量达到80%。放眼全球，排放强度最高的为肉牛肉（67.8千克），其次是小型反刍动物肉（23.8千克）和奶牛肉（18.4千克），而在发达国家排放强度一直较低。单胃动物生产不仅占总排放量的份额比较小，而且排放强度也较低：鸡肉和猪肉的平均排放强度分别为5.4千克和6.1千克。

7.2.2   高排放水平的子行业

针对排放强度相对较低，但绝对排放量较高的子行业的减排政策也非常有效。在此情况下，即使排放强度的小幅减少仍然可以产生相当大的减排效果。例如，经合组织国家的牛奶生产和东亚猪肉的生产。

7.2.3   供应链上的热点

追踪畜牧业供应链上排放"热点"的减排政策也可能会非常有效。例如，分析强调了供应链上能源消耗产生的排放是排放的重要来源（猪肉供应链上约占排放总量的1/3）。因此，增加低排放强度能源的使用和提高能源利用效率的激励措施可以成为该子行业的有效减排措施。

生命周期评估（LCA）方法可以跟踪畜牧生产各方面相关的排放源，有助于确定"热点"，从而相应地制定政策。

7.2.4   进一步分析减排潜力

当然，在排放量较高的特定部门或地区，减排政策的效果并不能得到保证，需要进一步的技术分析来评估这些排放源的减排潜力。在那些不发达国家的反刍动物部门，全球的减排潜力较大，但减排政策的有效性也在很大程度上取决于接受政策所面对的障碍。这些障碍包括投资和其他接受成本、能力制约和风险。在下文中，我们依托第6章中介绍的主要减排策略，对这些问题及其对政策制定的影响进行讨论。开展深入研究以克服这些障碍，并确定可带来环境、社会和经济效益的减排战略和政策，对于实现本研究中模拟的畜牧业减排潜力至关重要。

7.3　主要的减排策略及其政策需求

7.3.1　缩小效率差距

温室气体的排放代表着畜牧业的能源、氮和有机物的损失（第4章）。因此，排放强度与资源利用效率之间存在很大的联系，大多数减排措施将会提高畜牧业供应链的资源利用效率。

因此，通过推广和使用提高生产效率的技术，可以缩小排放强度最高的生产者和最低的生产者之间的差距（第5章和第6章），由此实现减排。有几种政策可以支持技术和措施的有效推广。

7.3.2　政策支持

(1) 促进知识转移的政策

知识转移政策对于促进农民采用高效技术和良好管理措施十分重要。例如，推广活动通过提供获取知识和改进技术或措施的途径，推动农民改变措施。这些活动包括：推广人员访问农场，建立示范农场、农民田间学校和促进同行知识传播的农民网络、部门圆桌会议以及连接行业参与者的中介。推广活动需要采取连贯、综合的方式来构建部门能力，以确保现有的、新的减排措施成功应用。这些政策还可以创造和加强技术推广的有利条件，如基础设施建设和加强对科研机构的支持。

(2) 技术推广和创新的有利条件

一般来说，创新是由追求市场机会的企业家所推动的（世界银行，2006），而知识和技术只有在基础设施和机构建设、伙伴关系和政策支持的完备基础上才能发挥最大作用（国际食物政策研究所，2009）。通过产出知识和实证，研发可以发挥重要的支撑作用，使农民和从业者对减排的效率和生产的影响更具信心。在不同农业生态和社会经济背景下开展试点项目以测试新技术和措施的有效性与可行性，是这一战略的重要组成部分。引导畜牧业供应链上新技术的研究、开发和推广的法规和经济政策也是如此。

(3) 消除障碍并为提高效率创造动力

诸如低息贷款和小额信贷计划等金融工具可以对推广政策进行补充，并支持新技术和新措施的采用。当减排措施需要前期投资，且新措施的采用受到资本市场和金融服务无效或缺失的限制时，往往需要这些金融工具的支持，这也是发展中国家采用技术常面临的约束。因此，即使推行减排措施有利可图，且生产者也愿意去承担技术推广的相关成本，这些工具也仍然拥有市场。

新措施的采用还可能存在其他障碍，包括生产者厌恶变革、相关风险的增加，以及农民采用减排措施而不考虑其他投资的机会成本。这些障碍因素将在生产者投资这些减排措施前，提高其愿意接受的最低回报率，并要求更高水平的支持和激励。

这可能包括对采用更加高效但对农民无利可图的技术和措施进行补贴。减排补贴可以承担农民的部分（例如成本分摊机制）或所有减排成本。补贴可以单独设立，即由政府资助，或通过已有的补偿计划机制来提供，例如澳大利亚的清洁发展机制和碳农业计划。[35]

政策制定者需要密切关注不同社会经济背景下农民面临的制约因素。畜牧供应链并不相同，它们面临着不同的限制和挑战。这在发展中国家尤为如此，发展中国家的农民往往并不是相同的，有的农民面临着市场运作不良（对于投入、产出、信贷和土地而言）的环境，且主要动力来自于生存，有的农民则是在经济高效的市场环境中，且专门从事畜牧养殖，不同农民的生存环境大概在这二者之间。通过技术推广和政策激励措施来推动措施和技术的转移，在后者的环境中更加有效，因为前者通常无法获得新措施或新技术所产生的相同经济收益（Jack，2011）。因此，减排政策必须适应不同动机和市场环境的农民。

（4）关于减排措施的成本收益研究

为帮助政策制定者了解哪些政策更有利于实施和采用，还需要进行大量研究，以进一步评估减排措施的成本和收益。

目前，只有少数温室气体减排评估对那些可以提高生产效率的减排措施的经济性进行了探讨（美国环境保护署，2006；Beach等，2008；Moran等，2010；Schulte等，2012；Whittle等，2013；Smith等，2007；McKinsey，2009；Alcock和Hegarty，2011）。虽然很大一部分措施被评为有利可图，但由于减排方案不同及其适用品种和地区的不同，结果存在很大差异。例如，在英国（Moran等，2010），对肉牛和奶牛进行遗传改良以提高产量和生育率被评估为有利可图，还包括爱尔兰肉牛的遗传改良（Schulte等，2012），以及澳大利亚一些绵羊企业的高繁殖母羊育种（Alcock和Hegarty，2011）。相反，据美国环境保护署（2006）评估，有些为提高畜群效率的饲养和放牧策略，仅在某

[35] 虽然也有可能鼓励采用诸如排放税等惩罚措施（根据"污染者支付"原则），但这可能是一种政治上非常不受欢迎的政策，据作者所知，以前未曾有过用于此类规范农业温室气体排放的政策。此外，这些经济处罚可能将减少发展中国家的农业收入，提高食品价格，并可能加剧饥饿和贫困，因为发展中国家的排放强度非常高，这些政策的罚款将是最高的。

些情况下可能会盈利，例如在美国和巴西牛的强化放牧，但在其他情况可能就代价过高，例如中国提高奶牛饲料的浓度。因此，我们需要进行更系统的研究，以便更清楚地了解不同生产环境下这些措施的成本收益情况。

7.3.3 解决潜在风险所需要的政策

(1) 行业排放的限制因素

当效率提高导致生产扩大并因此产生更高的排放量时，可能需要制定限制排放的相关政策。例如，一些提高效率的措施可能会促使农场扩大畜群规模，这样他们能获得更高的投资回报。Alcock 和 Hegarty（2011）认为，当反刍动物生产商投资牧场改善措施时，这种激励效应就会出现。在产业规模上也存在同样的问题，即可以增加利润的减排措施，由于这些措施本身可以盈利，或者是由于激励政策使其盈利，将吸引更多的人加入相关产业，增加产量的同时也增加了潜在的排放量（Perman 等，2003）。因此，只有国家采取支持政策以限制行业排放，例如通过可交易或不可交易的排放许可证，这些减排措施才能更有效。

(2) 关于土地使用许可的规定

当效率提高导致生产扩大，并整理土地将其用作牧草或作物生产时，我们需要制定防止土地整理的规定。提高生产效率可能对土地利用变化产生很大的影响，因为它们可以减少生产同样数量产品所需投入品的数量，包括牧场规模和饲料数量。在这方面，提高农场效率可以被认为是防止林地转化为农地的必要条件。但是，同样地，当提高效率有利可图，那么它们反而可能会导致生产和土地利用的扩大。然而，我们很难评估和预测生产效率提高引起的这种土地利用变化趋向（Lambin 和 Meyfroit，2011；Hertel，2012）。鉴于这种不确定性，制定相关土地使用许可规定将有助于防止提高生产效率可能意外导致的滥伐森林情况。

(3) 防范潜在的负面影响

通过降低畜牧业对自然资源的需求，提高生产效率不仅可以减少温室气体排放，还能带来环境效益。然而，当生产率的提高导致土地集约化时（即向更大的圈养动物数量和更高的能量饲料进口需求转变的举措），同样需要相关政策措施以避免对环境产生负面影响，例如动物粪肥对土壤和水的污染，以及对动物福利和疾病产生副作用。这种保障措施的范例是欧盟的综合污染控制指令，[36]其要求生产者在获得许可证之后，才能建立超过750头种猪的养猪场。要获得该许可证要求生产者遵守环境标准，例如粪肥处理、与居民定居点和水源的距离，以及氨的排放量。另外，关于动物福利的伦理问题也可能需要与提高生产效率的措施之间进行权衡。

---

[36] 2010年11月24日欧洲议会和欧洲理事会的2010／75／欧盟法令。

（4）非食物产品和服务的损失

如果只关注生产效率，可能会导致在更加传统的农业模式中放弃其他畜牧服务。发展中国家农民经常饲养一些动物用于非食物功能，包括降低风险、金融服务、畜力和为作物提供粪肥。仅仅提高可销售商品的效率可能在某些情况下导致畜群规模的缩小，并随之造成部分配套服务减少（Udo等，2011）。除非能够以机械化、人造肥料、银行和保险制度进行有效替代，否则这些配套服务的消失将对农户的生计造成不利影响。

7.3.4　草原碳固存

增加土壤碳储量的牧场和牧草管理措施可以大大减少二氧化碳排放量，并可能提供产生效益的减排投资机会。

据FAO最近进行的全球模拟估计，在全球10亿多公顷的草场，可能具有每年碳固存4.09亿吨的潜力（见第5章）。其中46%的草场，可以通过增加放牧压力和饲草消费来实现。另有31%的草场，减少放牧压力可以增加牧草的生产和消费。除了减少二氧化碳排放之外，这些措施还提高了土壤质量和牧草生产，并带来环境效益（如生物多样性和水质），特别是正在恢复的草原退化地区。

（1）深入研究

在大尺度范围内支持某一减排策略之前，需要进行更深入的研究。虽然已有相对丰富的实验数据和建模证据证明了该策略在某些地区的有效性，但是仍然缺乏试点项目和经济评估来支持技术路线的设计及验证策略的长期可行性。这些草场的碳固存是否持久，取决于长期的管理措施和气候（Ciais，2005），例如，在严重干旱情况下，欧洲草场的土壤碳储量会出现损失。固存过程也可能面临饱和问题，这将对长期的固存率形成限制。因此，为确保草原碳固存措施在景观尺度上的长期应用，迫切需要研究制定政策以进一步评估减排潜力和构建制度框架。

（2）测算方法

测算方法也需要进一步开发和改进。与其他减排措施相比，土壤固碳潜力的测算面临着更大挑战。对土壤碳储量的直接测算需要土壤采样，从景观尺度来看，这成本非常高昂（FAO，2011）。目前，正在开发基于管理活动测算的方法来估算土壤碳储量变化，以提高景观尺度上测算固碳潜力的经济可行性（核证减排标准，2013），但在政策制定者、农民和碳交易市场参与者等能够放心投资于这一减排策略之前，还需要进一步研究。

（3）非永久性风险

实施草原土壤固碳项目和政策所面临的另一挑战则是非永久性风险，是指如果停止可持续管理措施，被固存的碳随后释放到大气中的风险。这可能是草地转为耕地或恢复不可持续的放牧措施等所导致。相比之下，供应链上温室气体的减排是永久性的，不会面临非永久性风险。

本章随后将探讨在国际和国家层面现有政策框架下，碳储量测算所面临挑战的影响和碳固存资格的非永久性风险。

（4）土地使用权制度创新

鉴于碳固存措施的可行性取决于其能否在景观尺度上实施，需要进行制度创新，以公平地统计个人家庭的碳资产，使社区和个人家庭能够从土壤中获益（Tennigkeit 和 Wilkes，2011）。土地所有权也可能对草原固碳措施构成重大挑战，尤其是在许多没有明确所有权或访问权限的共同管理牧区。在这些情况下，管理措施的改善、土地碳资产所有权以及对非永久性风险管理的持续监测等方面可能会遇到困难。

（5）推广、金融和监管方面的激励措施

基于推广、金融和监管等方面的激励政策也在促进放牧管理措施的接受中发挥重要作用。需强调的是，提高土壤碳储量的各种措施，其经济吸引力将有助于确定哪些政策组合能更好地保障这些措施实施。

7.3.5　获取低排放投入品

投入品生产通常是温室气体排放的重要来源。对于排放较多的饲料尤其如此，特别是单胃动物，其排放量约占所有猪和鸡排放量的60%和75%。饲料排放的主要温室气体是来自肥料中的一氧化二氮（包括粪肥或合成肥料）和土地利用变化产生的二氧化碳。能源是单胃动物模式中排放较高的另一投入品，不同能源的排放强度不同。因此，生产者也可以通过使用低排放强度能源来实现减排。

生命周期评估（LCA）框架是支持生产者获取低排放投入品的实用工具，因为它可以追踪生产投入中供应链上的排放量。生命周期评估框架也可用于设计资源获取策略，该策略具有全面减排效果，并避免畜牧供应链上游和下游排放量的意外增加。例如，可以通过提高饲料中高消化率饲料的比例来降低反刍动物的肠道排放。然而，如果生产这些饲料会导致高排放量，那么提高它们在饲料配给中的含量可能导致畜牧供应链的总排放量增加（Vellinga 和 Hoving，2011）。

（1）政策需求

为降低温室气体排放量，我们需要制定相关政策来鼓励生产者使用低排放强度的饲料、能源和其他投入品。

这些政策包括标签识别和认证方案，可使从事畜牧业的农民了解这些投入品的排放情况。当与鼓励农民购买低排放投入品和规范使用高排放强度饲料的政策配套实施时，这些方案会更加有效。这些政策可以降低种植业的排放量，尤其是在种植业缺乏减排政策的地区。

(2) 调整计算规则

排放的计算规则，如《联合国气候变化框架公约》（UNFCCC）的国家温室气体清单中所列出的，将会给通过投入品获取来实现减排带来挑战（UNFCCC框架在本章前文有述）。

例如，根据这些计算规则，进口国通过削减高排放饲料的进口量来实现的排放量减少就不算作减排，而各国政府不太可能实施对本国减排目标没有贡献的政策。一国内的不同部门也会出现相同的障碍（Schulte 等，2012），这是因为同样的计算规则将上游的排放量分摊到生产投入品的各部门，例如减少的饲料生产排放转移给了作物生产部门。

因此，需要跨国、跨部门的政策和供应链计算规则，才能够将农场上游的减排量分摊到畜牧部门。只要各国政府仍然要实现其减排目标，政府就要灵活地掌控哪些国家部门产生排放。但是，如果将在国外实现的减排归功于国内部门，就更成问题。

选择在养殖农场，或在上游的能源或种植业中调节排放量，也将对政策的覆盖面和成本收益产生影响。针对所有畜牧业和种植业的排放政策，比排除种植业中非饲料生产部分的政策，所覆盖的排放范围更广。然而，将减排政策应用于畜牧业可能更务实，仅覆盖较少数量的生产者，政府和企业的行政费用可能会大大降低。

(3) 有关投入品排放强度的信息需求

由于上述原因，减少动物产品生命周期排放的举措更多是由超市和消费者驱动，而不是政府。正如前文讨论的，标签和认证计划可以通过向消费者（如畜牧生产者同时也是饲料和能源等投入品的消费者）介绍畜牧业供应链不同阶段的产品排放量，来帮助实现减排。这些计划的成功，在很大程度上取决于已经被广泛接受的计算排放量的指标和方法，以及相当准确的关于投入品和产品排放强度的信息。诸如由畜牧业环境评估与绩效伙伴关系（LEAP）开发的排放量化框架，[37] 可以为牲畜生产者的低排放、投入品购买决策提供指导。

7.3.6 技术突破

虽然第5章和第6章并未对尚在研发中的先进减排技术和措施进行评估，但研发新技术很有可能实现更高的减排潜力。

(1) 研究与开发

研究与开发可以促使有前景的减排措施加快投入使用。很多减排措施都具有较高潜力，但在投入使用之前都需要进行进一步的测试和开发。例如，反甲酸菌疫苗的使用很有前景，因为其广泛适用于所有反刍动物系统，包括在那

---

③⑦　www.fao.org/partnerships/leap

些牲畜与牧民接触较少的养殖模式中（FAO，2013）。根据一些研究（美国环境保护署，2006；Whittle 等，2013），如果这项技术得到进一步发展并能够实现商业化，其将有可能成为成本较低的减排措施。其他有潜力的方法也需要进一步研究和开发，如对低排放（肠道甲烷）的牛进行遗传选择，以及在动物饮食中使用硝酸盐作为缓和剂等（FAO，2013）。

（2）金融和监管激励措施

此外，虽然研发在为部门提供新的先进减排措施中至关重要，但金融和监管激励措施也可以推动私营部门的减排技术开发。通过提高排放成本或使减排有利可图，这些政策将激励畜牧业寻求和开发更低排放强度的措施和技术。

（3）对采用新技术和新方法的支持政策

为支持现有减排措施的推广和使用而提出的政策措施，在采用新措施和新方法时也同样需要。

7.4 现有畜牧业减排政策框架

虽然对农业减排措施和技术的研究已经做了大量有价值的工作，但在制定有效的减排政策方面进展甚少。在全球层面上，包括农业在内的所有部门的减排政策主要是由《联合国气候变化框架公约的京都议定书》（以下称《京都议定书》）推动的。此外，还有一系列与《京都议定书》相关却又相对独立的区域、国家和地方政府的畜牧减排政策和项目。但是，当前该系列政策和项目提供的减排激励相当有限。

本节概述了与畜牧业相关的现有减排政策框架。

7.4.1 《京都议定书》

《京都议定书》为发达国家确定了具有法律约束力的减排目标。但是，《京都议定书》的有效性存在一些重要局限。第一，并非所有《京都议定书》的附件一[38]国家（富裕国家）都是《京都议定书》的缔约方。其中最大的国家就是美国，其从未批准《京都议定书》。加拿大于2011年退出，而日本、新西兰和俄罗斯尚未接受《京都议定书》第二个承诺期（2013—2020年）的目标。第二，《京都议定书》并没有对非附件一的国家（低收入国家）实施具有法律约束力的减排目标。由于这些限制，接受《京都议定书》第二个承诺期（2013—2020年）约定减排目标的37个附件一国家，在2010年的全球人为温室气体排放量中仅占13.4%（联合国环境规划署，2012）。在畜牧业方面，

---

[38] 《联合国气候变化框架公约》根据不同的承诺项将各国分为三个主要群体：附件一缔约方包括1992年经合组织成员中的工业化国家，以及处于经济转型期国家。非附件一缔约方大多为发展中国家。《公约》确认某些发展中国家集团特别容易受到气候变化的不利影响，包括低洼沿海地区以及易受荒漠化和干旱影响的国家。附件二缔约方由经合组织附件一成员组成，但不包括转型期经济体。

2005年这些国家的畜牧业直接[39]排放量仅占全球的16%。[40]另外还有一个局限性是，只有丹麦和葡萄牙两个附件一国家，选择依据《京都议定书》第3.4条规定报告与牧场管理有关的碳储量变化，所有其他国家都将这一条排除在国家温室气体清单和减排目标之外。测算碳储量变化面临的挑战和其非永久性风险，使得各国不愿将此列入减排计划。

(1) 碳交易市场的作用

许多国家和司法管辖地区已经实施碳交易市场，以遏制温室气体排放，其中包括碳排放许可和减排量交易。如果不考虑政治上缺乏一致的减排承诺会对所有减排政策的实施产生影响，Newell等（2011）表示，碳交易市场普遍运作良好且正在缓慢增长。

尽管有此进步，但目前碳交易市场对畜牧业减排的激励仍然十分有限。它们不包括整个畜牧业的排放，仅能覆盖有限范围，部分原因是由于很难准确地、经济有效地测算排放量。然而，随着测算方法的不断进步和市场化手段的不断发展，长期来看碳交易市场的作用将会增长。

(2)《京都议定书》的碳交易市场机制

受《京都议定书》目标约束的国家可以制定系列政策以实现减排目标。到目前为止，在国家或国际层面上仅建立了极少的碳交易市场机制，其中包括欧盟排放交易计划、澳大利亚碳定价机制和新西兰排放交易计划。

2008—2011年，《京都议定书》框架下的排放交易数量和金额分别增长了114%和31%（Peters-Stanley和Hamilton，2012；Hamilton等，2010）。与此同时，世界上最大和流动性最好的碳交易市场——欧盟排放交易计划的排放配额交易数量和金额分别增长了153%和47%。但由于全球经济衰退和排放量低于预期，导致欧盟排放配额供大于求，交易价格自2008年以来一直在下降（Newell等，2012）。

然而，这些基于市场的交易机制在畜牧业减排方面并没有发挥作用，因为它们都不包含农业，只有澳大利亚的碳定价机制与一个被称为碳农业计划的碳补偿项目有关。

(3) 清洁发展机制（CDM）

在《京都议定书》框架下建立的清洁发展机制是一项补偿计划，它允许发达国家通过资助发展中国家的减排项目来履行其减排义务。尽管畜牧业的所有主要减排源头都可以纳入清洁发展机制项目，但该机制仅为畜牧业减排提供了十分有限的机会。

农地上碳固存所衍生的核定减排量的交易，并不被如欧盟排放交易计划

---

[39] 肠道甲烷和粪肥相关的一氧化二氮、甲烷排放。
[40] 使用GLEAM进行评估，同时基于UNFCCC畜牧业计算规则。

等规范市场所允许；这些规定有效防止了清洁发展机制对土壤碳固存项目的需求（Larson等，2011）。但是，那些减少肠道和粪肥排放的项目不会面临这一障碍，唯一被允许的畜牧业项目是与沼气使用和减排有关的粪肥管理项目。这反映了一个事实，即减少积粪中甲烷排放的措施所面临的实施和测算问题比其他畜牧减排措施要少。目前，在清洁发展机制下登记在册的粪肥管理项目有193个，估计年减排潜力为440万吨。[41]

由于清洁发展机制设计所造成的交易成本高昂，测算所面临的挑战以及对协调多个土地使用者的行动的频繁需求，被视为在清洁发展机制中建立农业用地项目的两大障碍（Larson等，2011）。这些因素提高了加入清洁发展机制的成本，尤其是对小农户而言。

尽管Larson等（2011）报告称，清洁发展机制作为一个整体正在超过其最初预期，但清洁发展机制信贷过剩、对其信誉的担忧以及欧盟排放交易计划对使用清洁发展机制信贷资金的限制等问题，导致2012年年底信贷资产价格大幅下降，引起人们对其未来产生怀疑。

（4）自愿碳交易市场

与《京都议定书》框架下的碳交易市场相反，自愿碳交易市场允许畜牧业减排措施广泛参与，如土壤碳固存等。然而，由于信贷资金不足，与畜牧业有关的交易迄今为止非常有限。

与《京都议定书》框架下的市场相比，自愿碳交易市场规模非常小。[42]2011年，世界自愿碳交易市场的交易量为9 500万吨，2010年和2009年分别为1.31亿吨和9 400万吨（Peters-Stanley，2012；Peters-Stanley等，2011；Hamilton等，2010）。2009年，接近一半的交易量发生在芝加哥气候交易所（CCX）[43]（Hamilton等，2010）。然而，随着芝加哥气候交易所在2010年关闭，场外交易（OTC）[44]迅速发展，其在交易中所占比例大幅提升至97%。

农业土地项目的贷款通常只占场外交易总额的一小部分，2009—2011年只占0～3%不等。同一时期，牲畜甲烷信贷的场外交易所占份额也较小，为2%～4%。另一方面，与减少森林砍伐相关的信贷在该时期内所占份额较大，为7%～29%（Peters-Stanley和Hamilton，2012；Peters-Stanley等，2011；

---

[41] 这个数据是通过获取清洁发展机制在线注册的每个项目，将其参与者报告的减排量汇总进行估计。请参阅http://cdm.unfccc.int/Projects/projsearch.html。

[42] 2011年，自愿碳交易市场的交易总额为5.76亿美元，而初级清洁发展机制市场则为33亿美元，欧盟排放交易计划（ETS）则为1 478亿美元。在二氧化碳当量方面，自愿市场交易了9 500万吨二氧化碳当量，而初级清洁发展机制市场交易的二氧化碳当量为2.91亿吨，欧盟的排放交易计划为7 853万吨（Peters-Stanley和Hamilton，2012）。

[43] 2003—2010年，芝加哥气候交易所作为带有补偿功能的一个上限管理和交易项目运行。2011年，它作为芝加哥气候交易所抵消注册管理机构计划重新启动，但交易水平自2010年以来一直保持在较低水平。

[44] OTC交易是指分散的私人交易，买卖双方通过经纪人或在线零售"店面"直接互动（Peters-Stanley和Hamilton，2012）。

Hamilton 等，2010）。制约非自愿市场土壤碳交易信贷供给的主要因素，是缺乏有效的计算方法来测算草场活动可能减少的二氧化碳。目前，可行的方法主要有两种，都是依托于核证减排标准（VCS），该标准是目前运用最广泛，且2011年自愿碳市场43%的信贷都是依托该标准（Peters-Stanley 和 Hamilton，2012年），但是我们并不明确这两种方法中，哪一种能够以较低的成本在景观尺度上测算土壤的固碳潜力。FAO正在开发一种VCS方法，在本文撰写时，正在进行第二次也是最后一次验证。一旦通过验证，这种主要依赖于使用生物地球化学模型来降低土壤取样要求的方法，将为大规模测量草原的土壤碳储量变化提供一种经济有效的解决方案。

除了上述关于规范碳交易市场的局限性和不确定性外，当与市场机制接轨，农业用地的碳固存项目将比其他类型的农业减排项目面临更大的障碍。碳固存的持久性和相关信贷的信誉问题增加了计算规则的复杂性，并减少了对这些信贷的需求（Larson 等，2011）。除此之外，测算和协调上面临的更大挑战，特别是在公用土地上，或是土地使用权开放的情况下，都将降低土壤碳固存项目对投资者的吸引力。

7.4.2 国家适当减排行动（NAMAs）

国家适当减排行动可以提供进一步的减排激励，但到目前为止，将畜牧业包括在内的相当有限。国家适当减排行动包括由《京都议定书》非附件一缔约方采取的减少温室气体排放的自愿政策和行动，这些行动可能由本国或工业化国家资助。

作为《哥本哈根协议》的一部分，2009年，非附件国家被邀请到《联合国气候变化框架公约》第十五次会议（COP 15）交流国家适当减排行动相关信息。许多国家向《联合国气候变化框架公约》秘书处作了回应并提供了他们提出的目标和行动的有关资料。在迄今提交的国家适当减排行动中，只有6个国家明确将畜牧业列为其减排策略的一部分（巴西、乍得、约旦、马达加斯加、蒙古和斯威士兰），其中只有巴西提出了量化目标（插文5）。

插文5　主要减排策略

减排策略显然需要根据当地的目标和条件进行相应调整，但对广泛范围内可用的减排策略也适用于所有的单胃和反刍动物：

• 反刍动物生产的干预措施：

①从动物层面来讲：优化饲料消化率和饲料平衡以提高动物健康水平，并通过育种改善动物表现。

②从畜群层面来讲：减少畜群中专用于繁殖而不用于生产的动物比例。为降低该比例，可通过改善饲养和健康水平、遗传基因（所有这些都影响生育率、死亡率和初产年龄），也可以通过畜群管理措施以降低初产年龄、调整屠宰重量和年龄，以及调整乳畜群中的淘汰率。

③从生产单位层面来讲：在放牧模式中，改善放牧和草场管理，以提高饲料质量和碳固存。在混合模式中，提高作物残余和饲料的质量及利用率，加强粪肥管理。

④从供应链层面来讲：在同时生产肉类和牛奶的牛群中提高牛肉的相对产量，采用节能措施和设备，减少供应链上的废弃物。

• 单胃动物生产的干预措施：

①从动物层面来讲：改善饲料平衡、动物健康水平和遗传基因，以提高饲料转化率，减少每单位产品排出的氮和有机物质。

②从生产单位层面来讲：生产或提供低排放强度饲料，减少饲料生产所产生的土地利用变化，改善作物施肥管理以及饲料生产和加工能源利用效率，采用节能措施和设备，加强粪肥管理。

③从供应链层面来讲：提高能源效率和使用低排放强度能源，减少供应链上废弃物的产生，并增加回收利用。

7.4.3 国家温室气体清单

虽然不是一个政策手段，但按照政府间气候变化专门委员会（IPCC）的指导方针建立的国家温室气体清单（IPCC，2006），通过为各行业制定温室气体排放基准并确定可能的减排途径，来为国家的减排政策提供关键支持（Smith 等，2007）。IPCC 的指导方针根据行业的复杂程度不同，提供了一种估算不同排放源的排放量和不同部门的减排潜力的方法，如畜牧业。使用最简单的一级方法，默认的排放因子适用于动物总排放，这些排放因物种不同或其所在的区域不同而异，又或是根据年平均气温变化计算粪肥排放。一级方法易于使用，相对准确，但对可能的减排路径比较模糊。IPCC 的指导方针还概述了更为复杂的估算温室气体排放的二级或三级方法，引入变量包括动物规模、活动、饲料以及产生排放的其他因素。这些方法可以更准确地估算排放量，更重要的是可以确定减排途径。然而，仍然有必要改良这些方法用于确定畜牧业的减排机会，特别是在测量饲料质量和肠道排放之间的联系方面（FAO，2013）。因此，进行深入研究和开发的关键作用，是通过协助正在使用简单一级方法的国家切换到二级和三级方法以建立更加精准的国家清单，并开发更准确的方法，以更有效地识别减排方案。

插文6 巴西国家适当减排行动项目以及畜牧业的进步

在巴西的国家适当减排行动（NAMAS）报告中，巴西在减少畜牧业温室气体排放方面发挥了全球引领作用，在2011—2020年的10年间承诺了一系列雄心勃勃的减排目标。[①]包括直接减少畜牧业温室气体排放量和增加草地的减排量：恢复草场（到2020年估计减排83万～104万吨）及整合种植业和畜牧业（到2020年估计减排1 600万～2 000万吨）。

在NAMAS报告中，巴西还承诺将采取对畜牧业有间接影响但减排效应明显的行动，如限制畜牧业对森林的砍伐或减少畜牧业饲料生产的排放等。这些行动有：

•减少亚马孙地区的森林砍伐（到2020年预计减排5.44亿吨）；

•减少塞拉多地区的森林砍伐（到2020年预计减排1.04亿吨）；

•免耕作物种植（到2020年预计减排1 600万～2 000万吨），生物固氮（到2020年预计减排1 600万～2 000万吨）。

为实现这些承诺，巴西政府制定了巴西政府低碳农业项目（ABC）计划，该计划提供一定额度的特殊贷款以资助上述各种减排措施和动物废弃物处理，预计到2020年，将额外减排690万吨。ABC计划的预算约为1 970亿雷亚尔。[②]

ABC计划预计将使畜牧业减排取得巨大的进步，自2004年以来，生产力的增长使得即便亚马孙森林砍伐率下降，牛群规模也能够扩大。

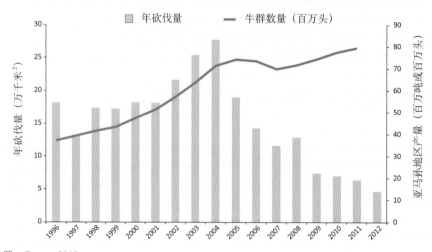

来源：Bastos，2013。

① http://unfccc.int/files/meetings/cop_15/copenhagen_accord/application/pdf
② http://www.agricultura.gov.br/desenvolvimento-sustentavel/plano-abc

7.4.4 支持减排的研发、推广和气候基金

（1）支持减排的资金

除碳交易市场外，减排资金还有一些其他来源。其中包括绿色气候基金、[45]世界银行和全球环境基金[46]等多边资金来源，以及国内开发银行和国家资助的气候基金会（如西班牙碳基金）[47]等国内资金来源，这类资金在减排资金中的比重日益增加（Venugopal，2012）。另外，公共部门可以通过设计金融工具分散风险，吸引私人资本投资减排项目（Venugopal，2012）。

（2）研发和推广举措

如上所述，要为现有和新的减排技术、措施建立事实依据，需要进行大量的深入研究和开发。目前，已有一些世界级和国家级的研究项目和措施正在扮演这种角色，且还有很大的扩展空间。全球范围内的主要研究项目之一是全球研究联盟（GRA）所做的农业温室气体研究，其重点是研究和开发在不增加排放的基础上提高粮食产量的技术和方法。全球研究联盟于2009年12月成立，目前已有30多个成员。全球研究联盟越来越依托于国家级的研发项目，因此可以利用众多科学家和工程师，创建跨文化和跨学科的团队，以提供创新和实用的解决方案。目前，全球研究联盟正组织不同的农业子行业开展研究，其中就包括一个旨在寻求降低畜牧生产模式的排放强度和增加草原的土壤碳储量的畜牧研究小组（GRA，2013）。有几个国家主导措施正对该领域的研究、开发和推广进行支持，其中一些甚至直接支持了全球研究联盟的研究。如加拿大农业温室气体计划（AGGP），该计划主要是创造知识和推广减排技术。[48]另一个相似但规模更大的项目是澳大利亚未来碳农场项目，该项目将提供3.97亿美元资助一系列研究、示范和推广活动，以帮助农民从该国的碳农业计划（CFI）中获益：填补新减排技术和措施的研发空白；实际耕种情况研究；推广和外联活动；农民购买保护性耕作设备的税收抵减。[49]另一项基于研究的举措是苏格兰X气候变化，[50]这是一个依托国家领先研究机构和高等教育机构合作的专业中心。该中心利用学术网络开展研究分析，并为所有部门，包括农民，提供气候相关的减排建议。新西兰农业温室气体研究中心（NZAGRC）是研究农业温室气体减排措施和技术的另一个值得注意的举措。[51]

---

[45] 绿色气候基金是发达国家在缔约方第十六次会议成立的支持发展中国家应对气候变化和减排的机制。目的是到2020年之前，每年从公共和私营部门动员1 000亿美元资金（http://unfccc.int/cooperation_and_support/financial_mechanism/ green_climate_fund/items/5869.php）。

[46] 全球环境基金汇集了182个国家，并与多个利益方合作，共同解决全球环境问题，包括气候变化和为技术援助和知识推广提供资助（http://www.thegef.org/gef/whatisgef）。它是世界最大、最早的减排多方融资机制。

[47] https://wbcarbonfinance.org/Router.cfm?Page=SCF

[48] http://www4.agr.gc.ca/AAFC-AAC/display-afficherdo?id=1331047113009&lang=eng

[49] http://www.daff.gov.au/climatechange/carbonfarmingfutures

[50] http://www.climatexchange.org.uk

[51] http://www.agresearch.co.nz/our-science/land-environment/greenhouse-gas/Pages/default.aspx

除了全球研究联盟，还有其他重要的国际项目正在投资于研发和推广活动。例如，动物变革项目是一个与欧洲和非欧洲国家25个公共部门和私人有合作关系的研究项目，其目的是为在欧盟、拉丁美洲和非洲的农场、国家和地区提供减排证据和适当应对策略。四年来该项目预算资金为1 280欧元，主要由欧盟委员会资助。[52]另一个重要的国际举措是全球甲烷倡议（GMI），这是一个旨在促进国际合作以减少甲烷排放，以及推动甲烷作为清洁能源回收利用的多边合作关系。超过40个国家参与到此倡议中，加强与私人和公共部门、研究人员、开发银行和非政府组织的协调合作。全球甲烷倡议主要针对五大甲烷来源，其中包括农业，重点是厌氧消化系统的粪肥管理。它着重于开发甲烷减排和利用的策略和市场，并进行能力构建、信息交流和现场资源评估，以促进减排技术的实施。

7.4.5 减少毁林和森林退化排放计划（REDD+）

自第十六次会议开始，《联合国气候变化框架公约》缔约方大会将减少毁林和森林退化排放计划（REDD+）[53]作为林业部门的重要减排战略，开始在发展中国家实施。由世界银行主办的联合国减少毁林和森林退化排放计划（UN-REDD）、森林碳伙伴基金（FCPF）和森林投资计划（FIP）等多边举措支持全球和国家的REDD+减排工作。[54]这些举措为发展中国家采用REDD+提供财政激励和技术支持。每年的资金流动预计将达到300亿美元，由于林地转换为放牧用地以供畜牧业生产是造成森林砍伐的主要原因之一，REDD+[55]战略将在减少畜牧业排放方面发挥重要作用。2012年以来，农业对森林砍伐的推动作

---

[52]　http://www.animalchange.eu
[53]　除了采取防止森林砍伐和森林退化的行动之外，"+"是指保护行动，可持续森林管理和森林碳固存的加强。
[54]　http://www.un-redd.org/AboutREDD/tabid/102614/Default.aspx
[55]　www.un-redd.org

用得到了《联合国气候变化框架公约》REDD+谈判国的一致认同（Wilkes等，2012）。

7.4.6 私营部门措施

畜牧业在减排策略中发挥的作用越来越大。过去10年来，越来越多的私营部门开始采取措施以应对可持续发展的挑战。

（1）自愿减排计划

在某些情况下，畜牧业在更好地识别生产对环境的影响和潜在减排措施对减少环境影响的作用方面发挥了引领作用。国际乳业联盟（IDF）的乳品碳足迹项目就是这样一个例子（IDF，2010）。该方法是基于生命周期评估，由国际专家和乳品公司集中研发，以建立共同原则来计算奶业的碳足迹。这些举措不仅能够识别温室气体排放热点和减排机会，而且还可以提高整个供应链的效率。由于国际上的共同努力，越来越多国家的奶业协会正加入自愿减排计划。而且从一些国家的倡议中看到，肉类行业也正在逐步制订类似计划，例如美国养牛者协会和一些主要的猪肉生产国（国际肉类协会，2012）。另外，美国国家猪肉委员会和爱尔兰农业与食品发展部食品局（Teagasc-BordBia）最近新发布的工具，可以更好地评估和了解该行业的碳足迹。[56]

（2）可持续发展平台

可持续发展平台也是一项积极的减排举措，它将更多行业凝聚起来，集体开发和采用可持续措施。例如，2002年成立的可持续农业计划（SAI），目前已经吸引了包括一些世界较大农业生产公司在内的50多名国际会员。[57]可持续农业计划已经在一些产品领域取得进展，如牛肉和奶业，其关注的重点是气候和水资源。

（3）不断增长的零售商参与

零售商也在推动改善环境方面迈出了重要的一步。沃尔玛的全球可持续农业目标正是这样一个零售商项目，该项目大力投资有效和可持续的畜牧业供应链。大自然保护组织（TNC，一个有名的保护组织）、马夫瑞（Marfrig）集团（世界上最大的食品生产商之一）和巴西沃尔玛，于2013年4月公布，将联手投资巴西帕拉（Pará）东南部的一个与牛肉业务有关的可持续发展计划。这表明，零售商在促进畜牧业可持续发展中发挥更加积极的作用。

（4）供应链参与者之间需要进一步互动

这些进步和发展，主要是由消费者喜好的变化，以及畜牧业供应链上利益相关者日益增长的意识所驱动。私营部门面临的挑战是确保生产者执行减排

---

[56] http://www.pork.org/Resources/1220/ CarbonFootprintCalculatorHomepage.aspx and The 'Beef Carbon Navigator'
http://www.teagasc.ie/news/2012/201209-25.asp
[57] www.saiplatform.org

政策和措施，并在长期实施过程中不断改进。此外，为确保畜牧业以适当的方式满足消费者的需求，需要更加注意生产者和消费者之间的联系。这要求各方要更好地了解畜产品的生命周期，并鼓励供应链决策者之间进一步互动。

7.5　结　论

7.5.1　促进发展和减排目标的策略

为使政策制定者之间互相牵制，畜牧业减排政策需要与国家的发展总目标保持一致，并成为部门未来发展愿景的一部分。发展中国家参与的要点，即以发现的畜牧业减排潜力高点为切入点，以此制定同时促进发展和减排的政策。

据估计，在短期至中期内，只要更多地采用可达到多个目标的高效、便捷的措施和技术，畜牧业排放量可以减少高达1/3。尽管畜牧业的大部分减排潜力都可以盈利或成本非常低的方式实现（美国环境保护署，2006；Moran 等，2010；Schulte 等，2012），但我们仍需更加深入的评估来认识如何将减排措施、农业区域和生产模式相结合，以使经济发展和减排目标一致。

7.5.2　有利于环境的投资和政策

然而，鼓励技术创新，并建立相关机构来支持和使用这些创新技术，还需要更多的投资和合作。技术推广和网络上的知识交流是缩小高效农民和低效农民之间效率差距的主要政策手段。同时，要更好地调整私营和公共经济目标并进一步推动所有减排策略的采用，就要构建更有力的政策框架。但是，如果没有强有力的关于排放目标的国际约束，并将农业和世界上最主要的排放国家纳入其中，即使引入高效的减排政策，也仍将面对政治和经济上的挑战。减排与其他环境和社会经济目标之间的平衡也必须加以考虑和管理。虽然减排策略也可以提高其他自然资源的使用效率，但仍然需要采取政策保障措施，以防止意外的环境、疾病和社会经济风险。例如，过分重视商品的生产效率可能会牺牲一些对于贫困农户来说十分重要的牲畜附加服务，如牲畜的财产功能。

7.5.3　更多的研究和开发

所有减排策略中都需要进一步研发，不仅可以改善现有技术、开发新技术，也可以开发出适合特定生产条件减排技术的干预措施。同时，引导措施变革和建立更准确的国家清单，还需要更准确、更经济的排放测算方法。根据地区和部门的不同，不同的畜牧业排放源所需要的测算方法也不相同。例如，已经有一种方法，可用于测算储存粪便中甲烷这一清洁能源回收和使用所产生的排放。而清洁发展机制补偿计划中，畜牧沼气项目的优势也证明了这一点。

相反，草原碳固存的潜力巨大，但是开发测算方法需要进行更多的研发。而且，在减排策略完全确定下来之前，还需要进行试点研究和配套制度机制。这也将大大提高国家将这一策略纳入总体减排目标的可能性。此外，鉴于减排的成本效益分析不足，我们还需要进行更多的研究。正如前文所讨论，这些方案的经济吸引力对于设计更具成本效益的减排政策至关重要。

7.5.4 政策激励较弱背景下的减排投资

总的来说，现有的全球和国家减排政策和方案，所提供的畜牧业减排激励措施非常有限。这主要是因为《京都议定书》所覆盖的国家数量和排放量占比较小，且措施基于市场手段。更多的激励措施是来自于国家适当减排行动，但这些承诺只涉及国家自愿的减排目标，且除巴西之外，目前尚未出台任何有关畜牧业的具体减排计划。由于缺乏更有力和更包容的国际减排协议，减排行动将在很大程度上受投资利益影响。这些行动受到降低生产成本或低排放产品的市场效益驱动。通过设计金融工具让公共部门分担私营部门不愿参与的减排项目的风险，可以在推动私营部门投资这些项目中发挥重要作用。

7.5.5 排放强度与绝对排放量

畜牧业未来的总体排放将取决于排放强度下降和产量增长的综合影响，预计2010—2050年畜牧业产量将增加约70%（FAO，2011）。

按照正常运营情景，随着更有效措施的采用，以及增长大部分来源于排放强度相对较低的商品，畜牧业供应链的全球平均排放强度有望略降。这一评估表明，缩小生产模式内的排放强度差距可将当前的排放强度降低约1/3。在全球范围内，根据现有技术，排放强度的降低不太可能完全抵消畜牧业增长带来的排放增量（图27）。然而，如果不考虑成本，畜牧业所有技术的减排潜

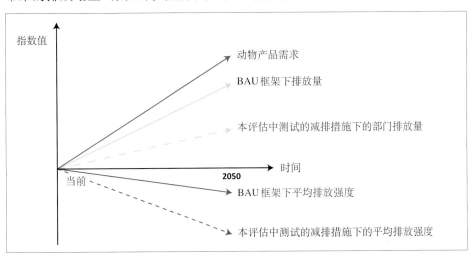

图27 畜牧生产趋势、温室气体排放和减排之间的相互作用

力，即应用所有可用的减排技术的效果，大于当前的1/3，而且技术上的突破可能会使得减排效果超出目前的估计。此外，在预期产量增长较低的地区，排放强度的下降也可能完全抵消其排放量的增加。

但这些考虑因素不包括在本评估范围内，还需要进一步研究。如要更好地了解区域特征、制度之间的差异以及农村发展、粮食安全与减排之间的相互作用，需引入经济和社会分析。同时，提高效率对消费者价格和消费水平的影响也需要进行评估。本研究需要更好地了解畜牧业的整体减排潜力，并确定畜牧业在全球和多部门应对气候变化方面的作用。

7.5.6　需要国际、部门间、多利益相关者共同行动

由于畜牧业的较大规模和复杂性，只有通过所有利益相关者（包括生产者、行业协会、学术界、公共部门和政府间组织）采取协调一致的行动，才能保证经济有效的、公平的减排策略和政策得以实施。此外，鉴于气候变化作为全球公共利益的性质和畜牧业所面临的社会经济挑战，亟须全球共同行动。而且由于全球畜牧业供应链的一体化日益加剧，单方面减少温室气体排放的行动所产生的效益将远远低于国际上更为协调的行动。例如，如果强有力的减排政策仅限于一个国家，那么就会出现该国将减少的大部分排放转移到国外不受管制的部门（Golubetal，2012）。此外，单方面政策一定会引发国际贸易的竞争力和公平问题。不仅《联合国气候变化框架公约》提供了国家间和部门间减排行动的主要官方机制，而且各国本身也做出了重要的减排努力。然而，仍然需要更多的全球行动，以重视畜牧业具体问题，并且有效整合和统一行业利益相关者追求的减排和发展目标。

畜牧业环境评估与绩效伙伴关系即为一个例子，它的合作伙伴包括私营部门、政府、民间社会组织、研究机构和国际组织，他们已经同意制定共同的指标来界定和衡量畜牧业供应链的环境绩效。[58]支持可持续畜牧业发展的全球行动议程，是由畜牧业各部门的利益相关方组成的一个密切相关的倡议，通过侧重于实践变革和持续改进来解决实施阶段的问题。[59]它利用每个利益相关者团体的不同优势来建立信任和凝聚力，这对协调整个行业供应链的国际行动至关重要。

---

[58]　www.fao.org/partnerships/leap

[59]　www.livestockdialogue.org

附录 关于方法的补充资料

1．表A1 全球畜牧环境评估模型（GLEAM）中饲料排放的计算方法总览

2．全球畜牧环境评估模型（GLEAM）与畜牧业的巨大阴影评估的对比

3．表A2 本次评估和畜牧业的巨大阴影评估使用的方法和数据源

表A1　GLEAM中饲料排放的计算方法总览

物种（模式）	第一步 饲料种类和饲料框中包含的饲料原料	第二步 不同饲料种类和饲料框中饲料原料的比例	第三步 动物摄入饲料量	第四步 与饲料生产相关的温室气体排放量
	饲料种类和饲料框中包含的饲料原料有： • 饲料作物，如用于喂养动物的一级作物产品，如木薯和大豆 • 二级作物，例如人类不食用但用于饲养动物的作物产品，如香蕉、豆类和香蕉 • 作物残余，例如麦秆、玉米 • 副产品，例如豆粕和糠麸 • 饲草，自由放养获取的饲料原料，如牧草和豆科作物 • 泔水	• 所有饲料原料都是本地获取 • 基于文献和专家知识，确定饲料框中不同种类饲料的比例 • 在不同种类的饲料内，不同饲料原料所占比例按照如下： ① 饲料作物、二级作物、作物残余和副产品：基于每个地理单元所处国家和农业生态区内这些原料的相对占比例来测算 ② 自由放养获取的泔水和饲料原料：成分不明确	• 根据能量需求而定	• 按饲料原料计算 • 饲料作物、二级作物、作物残余和副产品：根据整个国家生态区平均的作物参数进行估算，除饲料作物以外的所有作物均计算排放 • 自由放养获取的泔水和饲料原料：无
家庭养鸡				

（续）

物种（模式）	第一步 饲料种类和饲料框中包含的饲料原料	第二步 不同饲料种类和饲料框中饲料原料的比例	第三步 动物摄入饲料量	第四步 与饲料生产相关的温室气体排放量
	饲料种类和饲料框中包含的饲料原料有： • 饲料作物：用于饲养动物的一级作物产品，如木薯、大豆和谷物 • 副产品，例如菜粕和糠麸 • 非作物饲料，例如饲料用石粉、鱼粉和合成氨基酸	• 本地没有可获取的饲料原料 • 基于文献和专家知识，确定饲料框中不同种类饲料和饲料原料的比例	根据能量需求而定；氮的消耗量确保与需求一致	按饲料原料计算 • 饲料作物和副产品：根据FAO所有地区平均的作物参数进行估算（针对进口饲料原料，如大豆，按国家或产地的平均水平计算排放量） • 鱼粉和合成氨基酸：按照文献和数据库（生命周期清单数据库如ECOINVENT）的标准水平计算排放量 • 饲料的运输：按照当地和国际运输标准估算
集约化肉鸡和蛋鸡养殖				
家庭养猪	同家庭养鸡			

（续）

物种（模式）	第一步 饲料种类和饲料框中包含的饲料原料	第二步 不同饲料种类和饲料框中饲料原料的比例	第三步 动物摄入饲料量	第四步 与饲料生产相关的温室气体排放量
中级模式养猪	饲料种类和饲料框中包含的饲料原料有： • 饲料作物，如用于喂养动物的一级作物产品，如木薯和大豆 • 二级作物，例如人类不食用但用于饲养动物的作物产品，如谷物、豆类和香蕉 • 作物残余，如麦秆、玉米 • 副产品，如豆粕 • 饲草，自由放养获取的饲料原料，如牧草和豆科作物 • 泔水 • 非作物饲料，如鱼粉和合成氨基酸	• 部分饲料原料可以本地获取（泔水、牧草、作物残余、二级作物）和部分来自于生产场所（饲料作物、非作物产品、副产品） • 基于文献和专家知识，确定每种类别的饲料所占比例 • 基于文献和专家知识，确定外来饲料中不同饲料原料的比例 • 基于每个地理单元格所处国家和农业生态区内的饲料原料所占比例，测算本地获取饲料中不同饲料原料的比例	根据能力需求而定；氮的消耗量确保与需求一致	按饲料原料计算 • 本地获取饲料：根据整个国家和农业生态区平均参数进行估算，除饲料原料外的所有作物均计算排放 • 外来饲料：根据FAO所有地区平均的作物参数进行估算（针对进口饲料原料，如大豆，按国家或产地的平均水平计算排放量） • 泔水和自由放养获取的饲料原料：无

（续）

物种（模式）	第一步 饲料种类和饲料框中包含的饲料原料	第二步 不同饲料种类和饲料框中饲料原料的比例	第三步 动物摄入饲料量	第四步 与饲料生产相关的温室气体排放量
工业化养猪	同集约化养鸡，但不包括饲料用石粉		根据能量需求而定	按饲料种类计算
牛和小型反刍动物	饲料种类和饲料框中包含的饲料原料有： • 粗饲料：鲜草、干草、豆科作物和青贮饲料、作物残余、甘蔗顶部和种子	• 基于文献和专家知识，确定饲料的种类及其在饲料框中的比例；这些比例因国家、畜群（奶牛和肉牛）以及动物类别（雄性、雌性和育肥肉类）而异 • 对于发达国家，基于文献和专家知识确定饲料原料及其相对比例		• 粗饲料：根据地理单元格的作物参数进行估算

全球畜牧环境评估模型（GLEAM）与畜牧业的巨大阴影评估的对比

2006年的评估和本次评估都是基于生命周期评估（LCA）模型，农场外的评估也是使用类似的农场边界划定——从圈舍到农场门口。但在这个广泛的研究范围，本评估采用了一个全新的计算架构：GLEAM。表A2列出了两者的主要差异，并总结如下：

• 本研究是依托于FAO开发的基于地理信息系统的GLEAM，来计算物种、商品、农业模式和气候区域的排放量，而2006年的评估主要基于各种统计表格。

• 本次评估的数据是基于2005年的3年平均值，而2006年的评估是基于2001—2004年。

• 这两项评估基本上都依托于政府间气候变化专门委员会的指导方针，但是畜牧业的巨大阴影评估使用的是2001年版本，而本评估则使用的是2006年版本。此外，这两项评估使用不同的暖化潜能值来计算排放的二氧化碳当量：2006年评估中一氧化二氮和甲烷的潜能值分别为296和298，而本次评估中其潜能值分别为23和25。

• 根据政府间气候变化专门委员会（2006），本评估是假定在土地利用不变的情况下，即过去20年土地利用类型（牧场、耕地和林地）不发生改变，土地有机碳储量保持稳定。而畜牧业的巨大阴影则对土壤耕作导致的有机物损失和养殖引起的草原退化进行了评估，二者所产生的排放量达到1.2亿吨。

• 本次评估对饲用大米产品生产过程中产生的甲烷排放量进行了测算，排放量达到2 600万吨。但由于可用信息有限，畜牧业的巨大阴影报告并没有对此进行测算。

• 畜牧业的巨大阴影对所有动物的饲料（包括牧草）生产所产生的温室气体排放进行了测算（共27亿吨），而本报告仅测算了选定物种的饲料生产所产生的排放，即家禽、牛、猪、小型反刍动物和水牛（包括大米产品在内，共32亿吨）。

• 畜牧业的巨大阴影评估对所有粪肥的排放量（共约22亿吨）进行了测算，但本报告中仅对粪肥管理和在饲料作物或草场上施用的粪肥进行测算（分别为7亿吨和11亿吨）。

• 两次评估均包括了砍伐森林用于草场和种植饲料作物的土地利用变化所产生的排放，且分析范围均限定在拉丁美洲地区。但是，畜牧业的巨大阴影测算的排放量为24亿吨，而本报告中测算的排放量为6.5亿吨。主要区别在于：

①研究时间段不同，畜牧业的巨大阴影评估为2000—2010年；而本报告为1990—2006年）；土地利用的变化数据来源不同，本报告和畜牧业的长期阴影报告分别源于FAO统计数据库和Wassenaar等（2007）；②本报告中饲料作物扩张是指巴西和阿根廷的大豆种植扩张，而畜牧业的巨大阴影是针对巴西和玻利维亚所有饲料作物的扩张；③不同版本的政府间气候变化专门委员会的指导方针见上文。

•本评估采用政府间气候变化专门委员会的方法作为量化土地利用变化排放的基准，而《畜牧业的巨大阴影》所采用的方法是建立在土地利用变化模型的框架上，该模型根据FAO（2003）的预测和森林覆盖率的变化来预估到2010年的土地利用变化情况。

•由于可用资料有限，畜牧业的巨大阴影报告中并没有估算与建筑物和设备相关的排放量。而本次评估中对其做了测算，共计2 400万吨。

表A2　本次评估和畜牧业的巨大阴影影响评估使用的方法和数据源

供应链	本评估中使用的方法	畜牧业的巨大阴影评估中使用的方法
上游——饲料生产	• 根据不同物种和生产模式建立饲料框；构建饲料框的所需信息部分来自于文献和专家知识；其余信息来自于地理信息系统（GIS）模型。 • 根据动物需求计算每个物种所消耗的饲料 • 基于当地或区域的参数平均值，在地理信息系统中计算每单位饲料的排放量；在国家层面计算土地利用变化的排放量 • 根据贸易矩阵和排放因素计算与国家和国际运输有关的排放量	• 没有建立不同物种的饲料框 • 饲料的消费数据来自于FAO统计数据库 • 计算与饲料生产相关的排放作为以下补充： - 计算与全球化肥用于饲料作物生产和应用有关的排放 - 计算全球农场的化石燃料排放（用于饲料和动物饲养） - 基于相关文献和政府间气候变化专门委员会2001年指导方针，计算热带地区森林变化的排放 - 计算全球土壤耕作和施用石灰导致的有机质损失所产生的排放；不包括大米生产的排放 - 计算全球畜牧业导致的荒漠化所产生的排放
上游——非饲料生产	• 根据专业文献和专家知识，估计不同物种、农业模式和气候区的动物生产中所用建筑物和设备；然后基于现有数据库计算间接能源的使用和相关排放量	• 不包括
畜牧业生产	• 基于政府间气候变化专门委员会（2006）二级指导方针计算肠道甲烷排放；饲料框的计算如上所述；动物生产和畜群结构按照生命周期评估模型计算 • 采用政府间气候变化专门委员会（2006）二级指导方针和地理信息系统技术，计算与粪肥储存有关的一氧化二氮和甲烷排放；计算每个地理单元格的粪肥数量和构成，并用气候数据测算排放因素；根据不同物种、不同农业模式、地区和气候区评估主要粪肥管理措施 • 根据专业文献和专家知识，估测不同物种、农业模式和气候区的机械化程度；然后根据现有数据库计算能源使用效率、能源来源和相关排放量	• 基于政府间气候变化专门委员会（2006）二级指导方针测算肠道甲烷排放；根据FAO统计数据库和文献的参数，计算每个物种、区域和农业模式的排放量 • 采用政府间气候变化专门委员会（2006）二级指导方针计算与粪肥储存有关的一氧化二氮和甲烷排放；根据不同物种、农业模式和地区测算粪肥管理措施 • 根据文献数据（不区分饲料和非饲料，参见上文），估算全球范围内农场能源使用情况

（续）

供应链	本评估中使用的方法	畜牧业的巨大阴影评估中使用的方法
农场外	• 按商品、农业模式和地区估算加工水平和运输距离；通过文献收集相关能源需求，然后根据现有能源行业的排放强度数据库计算排放；根据已发布的案例研究数据和FAO贸易统计数据矩阵估算运输的排放量	根据已发布的案例研究和养殖模式对总产出的贡献，估算全球范围内畜产品加工的排放量；根据已发布的案例研究数据和FAO统计数据库的贸易矩阵计算国际运输的排放

参考文献

Alcock，D.J. & Hegarty，R.S. 2011. Potential effects of animal management and genetic improvement on enteric methane emissions, emissions intensity and productivity of sheep enterprises at Cowra, Australia. Animal Feed Science and Technology, 166: 749–760.

Bastos，E. 2013. Multi-stakeholder action for sustainable livestock, side-event at the 38th FAO Conference. Brazilian Roundtable on Sustainable Livestock. Rome, FAO, 17 June. (available at http://www.livestockdialogue.org/fileadmin/templates/res_livestock/docs/2013_june17_ Rome/GTPS_ FAO_Jun13_Institutional-eng.pdf).

Beach，R.H.，DeAngelo，B.J.，Rose，S.，Li，C.，Salas，W. & DelGrosso，S.J. 2008. Mitigation potential and costs for global agricultural greenhouse gas emissions. Agricultural Economics, 38(2): 109–115.

Beauchemin，K.A.，Janzen，H.H.，Little，S.M.，McAllister，T.A. & McGinn，S.M. 2011. Mitigation of greenhouse gas emissions from beef production in western Canada – Evaluation using farm-based life cycle assessment. Animal Feed Science and Technology, 166–167: 663–677.

Beauchemin，K.A.，Kreuzer，M.，O'Mara，F. & McAllister，T.A. 2008. Nutritional management for enteric methane abatement: a review. Animal Production Science, 48(2): 21–27.

Bell，M.J.，Wall，E.，Russell，G.，Simm，G. & Stott，A.W. 2011. The effect of improving cow productivity, fertility, and longevity on the global warming potential of dairy systems. Journal of Dairy Science, 94: 3662–3678.

Bertelsen，B.S.，Faulkner，D.B.，Buskirk，D.D.，& Castree，J. W. 1993. Beef cattle performance and forage characteristics of continuous, 6-paddock, and 11-paddock grazing systems. Journal of Animal Science, 71(6): 1381–1389.

Berman，A. 2011. Invited review: Are adaptations present to support dairy cattle productivity in warm climates? Journal of Dairy Science, 94: 2147–2158.

Borchersen，S. & Peacock，M. 2009. Danish A.I. field data with sexed semen. Theriogenology, 71(1): 59–63.

Britz，W.，& Witzke，P. 2008. CAPRI model documentation 2008: version 2. Institute for Food and Resource Economics, University of Bonn, Bonn.

Chilliard，Y. & Ferlay，A. 2004. Dietary lipids and forages interactions on cow and goat milk fatty acid composition and sensory properties. Reproduction Nutrition Development, 44: 467–492.

Cederberg, C. & Stadig, M. 2003. System expansion and allocation in life cycle assessment of milk and beef production, International Journal of Life Cycle Assessment, 8(6): 350–356.

Ciais, P., Reichstein, M., Viovy, N., Granier, A., Ogée, J., Allard, V., Aubinet, M., Buchmann, N., Bernhofer, C., Carrara, A., Chevallier, F., De Noblet, N., Friend, A.D., Friedlingstein, P., Grünwald, T., Heinesch, B., Keronen, P., Knohl, A., Krinner, G., Loustau, D., Manca, G., Matteucci, G., Miglietta, F., Ourcival, J.M., Papale, D., Pilegaard, K., Rambal, S., Seufert, G., Soussana, J.F., Sanz, M.J., Schulze, E.D., Vesala, T. & Valentini, R. 2005. Europe-wide reduction in primary productivity caused by the heat and drought in 2003. Nature, 437: 529–533.

Clemens, J., Trimborn, M., Weiland, P. & Amon,B. 2006. Mitigation of greenhouse gas emissions by anaerobic digestion of cattle slurry. Agriculture Ecosystems & Environment, 112: 171–177.

Conant, R. T., Paustian, K., & Elliott, E.T. 2001. Grassland management and conversion into grassland: effects on soil carbon. Ecological Applications, 11(2): 343–355.

Conant, R.T. & Paustian, K. 2002. Potential soil car- bon sequestration in overgrazed grassland ecosystems. Global Biogeochemical Cycles, 16(4): 1143.

Cramer, W., Kicklighter, D.W., Bondeau, A., Moore Lii, B., Churkina, G., Nemry, B., Ruim, A. & Schloss, A.L. 1999. Comparing global models of terrestrial net primary pro- ductivity (NPP): overview and key results. Global Change Biology, 5(1): 1–15.

Crosson, P., Shalloo, L., O'Brien, D., Lanigan, G.J., Foley, P.A., Boland, T.M. & Kenny, D.A. 2011. A review of whole farm systems models of greenhouse gas emissions from beef and dairy cattle production systems. Animal Feed Science and Technology, 166–167: 29–45.

Dairy UK Supply Chain Forum. 2008. The Milk Roadmap (available at http://www.dairyuk. org/environmental/milk-roadmap).

De Jarnette, J.M., Nebel, R.L. & Marshall, C.E. 2009. Evaluating the success of sex-sorted semen in US dairy herds from on farm records. Theriogenology, 71: 49–58.

Diaz, T. 2013. Personal communication.

Dobson, J.E., Bright, E.A., Coleman, P.R., Durfee, R.C. & Worley, B.A. 2000. Land Scan: a global population database for estimating populations at risk. Photogrammetric engineering and remote sensing, 66(7): 849-857.

Dorrough, J., Moll, J. & Crosthwaite, J. 2007. Can intensification of temperate Australian livestock production systems save land for native biodiversity? Agriculture Ecosystems & Environment, 121: 222–32.

EPA. 2006. Global mitigation of non-CO_2 greenhouse gases. EPA 430-R-06-005. Washington, DC, USA.

Falloon, P. & Smith, P. 2002. Simulating SOC changes in long-term experiments with RothC and CENTURY: model evaluation for a regional scale application. Soil Use and Management, 18(2): 101–111.

FAO. 1996. World livestock production systems: current status, issues and trends, by C. Seré & H. Steinfeld. FAO Animal Production and Health Paper 127. Rome.

FAO. 2005. The importance of soil organic matter: key to drought-resistant soil and sustained food and production, by A. Bot & J. Benites. Vol.80. Rome.

FAO. 2006. Livestock's long shadow – Environmental issues and options, by H. Steinfeld, P. J. Gerber, T. Wassenaar, V. Castel, M. Rosales & C.de Haan. Rome.

FAO. 2007. Gridded livestock of the world 2007 by W. Wint & T. Robinson. Rome.

FAO. 2010a. Agriculture, food security and climate change in the post-Copenhagen process, an FAO information note. Rome.

FAO. 2010b. Greenhouse gas emissions from the dairy sector – A life cycle assessment. Rome.

FAO. 2011a. Climate change mitigation finance for smallholder agriculture. A guide book to harvesting soil carbon sequestration benefits, by L. Lipper, B. Neves, A. Wilkes, T. Tennigkeit, P. Gerber, B. Henderson, G. Branca & W. Mann. Rome.

FAO. 2011b. Global livestock production systems, by T.P. Robinson, P.K. Thornton, G. Franceschini, R.L. Kruska, F. Chiozza, A. Notenbaert, G. Cecchi, M. Herrero, M. Epprecht, S. Fritz, L. You, G. Conchedda & L. See. Rome.

FAO. 2011c. World Livestock 2011 – Livestock in food security. Rome.

FAO. 2013a. Greenhouse gas emissions from ruminant supply chains – A global life cycle assessment, by C. Opio, P. Gerber, A. Mottet, A. Falcucci, G. Tempio, M. MacLeod, T. Vellinga, B. Henderson & H. Steinfeld. Rome.

FAO. 2013b. Greenhouse gas emissions from pig and chicken supply chains – A global life cycle assessment, by M. MacLeod, P. Gerber, A. Mottet, G. Tempio, A. Falcucci, C. Opio, T. Vellinga, B. Henderson & H. Steinfeld. Rome.

FAO. 2013c. Mitigation of greenhouse gas emissions in livestock production – A review of technical options for non-CO_2 emissions, by P. J. Gerber, B. Henderson & H. Makkar, eds. FAO Animal Production and Health Paper No. 177. Rome.

FAO. 2013d. Optimization of feed use efficiency in ruminant production systems – Proceedings of the FAO Symposium, 27 November 2012, Bangkok, Thailand, by Harinder P.S. Makkar and David Beeve, eds. FAO Animal Production and Health Proceedings, No. 16. Rome, FAO and Asian-Australasian Association of Animal Production Societies.

FAOSTAT 2009. FAO, Rome.

FAOSTAT 2013. FAO, Rome.

Fischer, G., Nachtergaele, F., Prieler, S., van Vel- thuizen, H. T., Verelst, L.

& Wiberg, D. 2008. Global agro-ecological zones assessment for agriculture (GAEZ 2008). Laxenburg, Austria, IIASA and Rome, FAO.

Flysj, A., Cederberg, C. & Strid, I. 2008. LCA-databas för konventionella fodermedel - miljöpåverkan i samband med production. SIK rapport No. 772, Version 1.1.

Follett, R.F. & Reed, D.A. 2010. Soil carbon sequestration in grazing lands: societal benefits and policy implications. Rangeland Ecology & Management, 63(1): 4–15.

Garnsworthy, P. 2004. The environmental im- pact of fertility in dairy cows: a modelling approach to predict methane and ammonia emissions. Animal Feed Science and Technology, 112: 211–223.

Gerber, P.J., Vellinga, T., Opio, C. & Steinfeld, H. 2011. Productivity gains and greenhouse gas intensity in dairy systems. Livestock Science, 139: 100–108.

Gerber, P.J. & Menzi, H. 2006. Nitrogen losses from intensive livestock farming systems in Southeast Asia: a review of current trends and mitigation options. International Congress Series, 1293: 253–261.

Gerber, P.J., Hristov, A.N., Henderson, B., Makkar, H., Oh, J., Lee, C., Meinen, R., Montes, F., Ott,T., Firkins, J., Rotz, A., Dell, C., Adesogan, A.T., Yang, W.Z., Tricarico, J.M., Kebreab, E., Waghorn, G., Dijkstra, J. & Oosting, S. 2013. Technical options for the mitigation of direct methane and nitrous oxide emissions from livestock: a review. Animal, 7 (2): 220–234.

Golub, A.A., Henderson, B.B., Hertel, T.W., Gerber, P.J., Rose, S.K. & Sohngen, B. 2012. Global climate policy impacts on livestock, land use, livelihoods, and food security. PNAS, 109.

Grainger C. & Beauchemin K.A. 2011. Can en- teric methane emissions from ruminants be lowered without lowering their production? Animal Feed Science and Technology, 166–167: 308–320.

Havlík, P., Schneider, U.A., Schmid, E., B tt- cher, H., Fritz, S., Skalsk, R., Aoki, K., Cara, S. D., Kindermann, G., Kraxner, F., Leduc, S., McCallum, I., Mosnier, A., Sauer, T. & Obersteiner, M. 2011. Global land-use implications of first and second generation biofuel targets. Energy Policy, 39(10): 5690–5702.

Hertel, T.W., 1999. Global trade analysis: modeling and applications. Cambridge, Cambridge University Press.

Hertel, T. 2012. Implications of agricultural productivity for global cropland use and GHG emissions. Global Trade Analysis Project Working Paper No. 69, Center for Global Trade Analysis, Department of Agricultural Economics, Purdue University, USA.

Holland, E.A., Parton, W.J., Detling, J.K. & Coppock, D.L. 1992. Physiological responses of plant populations to herbivory and their consequences for ecosystem nutrient flow. American Naturalist, 140(4): 85–706.

IDF. 2010. The International Dairy Federation common carbon footprint approach for dairy. The IDF guide to standard lifecycle assessment methodology for the dairy sector. Bulletin of the International Dairy Federation 445/2010. Brussels.

IEA. 2008. Energy Technology Perspectives 2008: Scenarios and Strategies to 2050, Paris.

IFPRI. 2009. Millions fed: Proven successes in agricultural development, by D.J. Spielman & R. Pandya-Lorch, eds. Washington, DC, USA.

IMS. 2012. Pigs and the environment: How the global pork business is reducing its impact. International meat Secretariat. Paris.

Innovation Center for US Dairy. 2008. US dairy sustainability initiative: a roadmap to reduce greenhouse gas emissions and increase business value (available at http://www.usdairy.com/ Public% 20 Communication% 20 Tools/Road- mapToReduceGHGEmissions.pdf).

IPCC. 2006. IPCC Guidelines for national greenhouse gas inventories, Volume 4: Agriculture, forestry and other land use. Japan, IGES.

IPCC. 2007. Climate Change 2007: Mitigation. Contribution of Working Group III to the Fourth Assessment Report of the Intergovernmental Panel on Climate Change. B. Metz, O.R. Davidson, P.R. Bosch, R. Dave & L.A. Meyer, eds. Cambridge University Press, Cambridge, United Kingdom and New York, NY, USA.

Jack, B.K. 2011. Constraints on the adoption of agricultural technologies in developing countries. White paper, Agricultural Technology Adoption Initiative, J-PAL (MIT) and CEGA (UC Berkeley).

Kamuanga, M.J., Somda, J., Sanon, Y., & Kagoné, H. 2008. Livestock and regional market in the Sahel and West Africa. Potentials and challenges. SWAC-OECD/ECOWAS. Sahel and West Africa Club/OECD, Issy-les-Mou- lineaux.

Keady T.W.J, Marley, C.M. and Scollan, N.D. 2012. Grass and alternative forage silages for beef cattle and sheep: effects on animal performance. Proceedings of the XVI International Silage Conference, Hämeenlinna, Finland.

Kimura S., ed. 2012. Analysis on energy saving potential in East Asia region, ERIA Research Project Report 2011, No. 18.

Kirschbaum, M.U. & Paul, K.I. 2002. Modelling C and N dynamics in forest soils with a modified version of the CENTURY model. Soil Biology and Biochemistry, 34(3): 341–354.

Lal, R. 2004. Soil carbon sequestration impacts on global climate change and food security. Science, 304: 1623–1627.

Lambin, E. & Meyfroit, P. 2011. Global land-use change, economic globalization and the looming land scarcity. Proceedings of the National Academy of Sciences, 108(9): 3465–3472.

Manninen, M., Honkavaara, M., Jauhiainen, L., Nyk nen, A. & Heikkil, A.M. 2011. Effects of grass-red clover silage digestibility and concentrate protein concentration on performance, carcass value, eating quality and economy of finishing Hereford bulls reared in cold conditions. Agricultural and Food Science, 20: 151–168.

Martin, C., Rouel, J., Jouany, J.P., Doreau, M. & Chilliard, Y. 2008. Methane output and diet digestibility in response to feeding dairy cows crude linseed, extruded linseed, or linseed oil. Journal of Animal Science, 86: 2642–2650.

Masse, D.I., Croteau, F., Patni, N.K. & Masse, L. 2003a. Methane emissions from dairy cow and swine manure slurries stored at 10 ℃ and 15 ℃. Canadian Biosystems Engineering, 45(6): 1–6.

Masse, D.I., Masse, L. & Croteau, F. 2003b. The effect of temperature fluctuations on psychrophilic anaerobic sequencing batch reactors treating swine manure. Bioresource Technology, 89: 57–62.

McMichael, A.J., Powles, J.W., Butler, C.D. & Uauy, R. 2007. Food, livestock production, energy, climate change, and health. The Lancet, 370(9594): 1253–1263.

Mekoya, A., Oosting, S.J., Fernandez-Rivera, S. & Van der Zijpp, A.J. 2008. Multipurpose fodder trees in the Ethiopian highlands: Farmers' preference and relationship of indigenous knowledge of feed value with laboratory indicators. Agricultural Systems, 96(1): 184–194.

Mohamed Saleem, M.A. 1998. Nutrient balance patterns in African livestock systems. Agriculture, Ecosystems & Environment, 71: 241–254.

Monfreda, C., Ramankutty, N. & Foley, J.A. 2008. Farming the planet: 2. Geographic distribution of crop areas, yields, physiological types, and net primary production in the year 2000. Global Biogeochemical Cycles, 22(1).

Moran, D., MacLeod, M., Wall, E., Eory, V., McVittie, A., Barnes, A., Rees, R., Topp, C.F.E. & Moxey, A. 2011. Marginal abatement cost curves for UK agricultural greenhouse gas emissions. Journal of Agricultural Economics, 62(1): 93–118.

Nazareno, A.G., Feres, J.M., de Carvalho, D., Sebbenn, A.M., Lovejoy, T.E. & Laurance, W.F. 2012. Serious new threat to Brazilian forests. Conservation Biology, 26(1): 5–6.

NDDB. 2013. Animal Breeding (available at http://www.nddb.org/English/Services/AB/ Pages/ Animal-Breeding.aspx).

Nguyen, H. 2012. Life cycle assessment of cattle production: exploring practices and system changes to reduce environmental impact, Université Blaise Pascal, Clermont-Ferrand, France. (PhD thesis).

Norman, H.D., Hutchison, J.L. & Miller, R.H.. 2010. Use of sexed semen and its effect on conception rate, calf sex, dystocia, and stillbirth of Holsteins in the United States. Journal Dairy Science, 93: 3880–3890.

OECD/FAO. 2011. OECD-FAO Agricultural outlook 2011—2020 (also available at http://dx. doi. org/10.1787/agr_outlook-2011-en).

Oosting, S.J., Mekoya, A., Fernandez-Rivera, S. & van der Zijpp, A.J. 2011. Sesbania sesban as a fodder tree in Ethiopian livestock farming systems: feeding practices and farmers' perceptions of feeding effects on sheep performance. Livestock Science, 139: 135–142.

Parton, W.J., Schimel, D.S., Cole, C.V. & Ojima, D.S. 1987. Analysis of factors controlling soil organic matter levels in Great Plains grasslands. Soil Science Society of America Journal, 51(5): 1173–1179.

Parton W.J., Hartman M., Ojima D. & Schimel D. 1998. DAYCENT and its land surface submodel: description and testing. Global and Planetary Change, 19: 35–48.

Perman, R., Ma, Y., McGilvray, J. & Common, M. 2003. Natural resource and environmental economics; Third edition. Essex, UK, Pearson Education Limited.

Rabiee, A.R., Breinhild, K., Scott, W., Golder, H.M., Block, E. & Lean, I.J. 2012. Effect of fat additions to diets of dairy cattle on milk production and components: a meta-analysis and meta-regression. Journal of Dairy Science, 95: 3225–3247.

Rasmussen, J. & Harrison, A. 2011. The benefits of supplementary fat in feed rations for ruminants with particular focus on reducing levels of methane production. ISRN Veterinary Science, 2011.

Rath, D. & Johnson, L.A. 2008. Application and commercialization of flow cytometrically sex-sorted semen. Reproduction in Domestic Animals, 43: 338–346.

Reardon, T. 1997. Using evidence of household income diversification to inform study of the rural nonfarm labor market in Africa, World Development, 25(5): 735–747.

Roos, K.F., Martin, J.H. & Moser, M.A. 2004. AgSTAR Handbook: A manual for developing biogas systems at commercial farms in the United States, Second edition. US Environmental Protection Agency. EPA-430-B-97-015.

Rosegrant, M.W., Meijer, S. & Cline, S.A. 2008. International model for policy analysis of agricultural commodities and trade (IMPACT): model description. Washington, DC, USA.

Rotz, C.A. & Hafner, S. 2011. Whole farm impact of anaerobic digestion and biogas use on a New York dairy farm. ASABE Annual International Meeting, Louisville, Kentucky.

Safley, L.M. & Westerman, P.W. 1994. Lowtemperature digestion of dairy and swine manure. Bioresource Technology, 47: 165–171.

Schulte, R. & Donnellan, T. 2012. A marginal abatement cost curve for Irish agriculture. Teagasc submission to the National Climate Policy Development Consultation. Teagasc, Oak Park, Carlow.

Scollan, N.D., Sargeant, A., McMallan, A.B. & Dhanoa, M.S. 2001. Protein supplementation of grass silages of differing digestibility for growing steers. The Journal of Agricultural Science, 136: 89–98.

Smith, P., Haberl, H., Popp, A., Erb, K., Lauk, C., Harper, R., Tubiello,

F.N., de Siqueira Pinto, A., Jafari, M., Sohi, S., Masera, O., B tcher, H., Berndes, G., Bustamante, M., Ahammad, H., Clark, H., Dong, H., Elsid-dig, E.A., Mbow, C., Ravindranath, N.H., Rice, C.W., Robledo Abad, C., Romanovskaya, A., Sperling, F., Herrero, M., House, J.I. & Rose, S. 2013. How much land based greenhouse gas mitigation can be achieved without compromising food security and environmental goals? Global Change Biology, 19(8): 2285–2302.

Smith, P., Martino, D., Cai, Z., Gwary, D., Janzen, H., Kumar, P., McCarl, B., Ogle, S., O' Mara, F., Rice, C., Scholes, B. & Sirotenko, O. 2007. Agriculture. In B. Metz, O.R. Davidsons, P.R. Bosch, R. Dave & L.A. Meyer, eds. Climate change 2007: mitigation. Contribution of Working Group III to the Fourth Assessment Report of the Intergovernmental Panel on Climate Change. Cambridge, UK and New York, NY, USA Cambridge University Press.

Smith, P., Martino, D., Cai, Z., Gwary, D., Janzen, H., Kumar, P., McCarl, B., Ogle, S., O' Mara, F., Rice, C., Scholes, B., Sirotenko, O., Howden, M., McAllister, T., Pan, G., Romanenkov, V., Schneider, U. & Towprayoon, S. 2007. Policy and technological constraints to implementation of greenhouse gas mitigation options in agriculture. Agriculture, Ecosystems and Environment, 118: 6–28.

Smith, P., Martino, D., Cai, Z., Gwary, D., Janzen, H., Kumar, P., McCarl, B., Ogle, S., O' Mara, F., Rice, C., Scholes, B., Sirotenko, O., Howden, M., McAllister, T., Pan, G., Romanenkov, V., Schneider, U., Towprayoon, S., Wattenbach, M. & Smith, J. 2008. Greenhouse gas mitigation in agriculture. Philosophical Transactions of the Royal Society B: Biological Sciences, 363(1492): 789–813.

Soussana, J.F., Tallec, T. & Blanfort, V. 2010. Mitigating the greenhouse gas balance of ruminant production systems through carbon sequestration in grasslands. Animal, 4: 334–350.

Steen, R.W.J. 1987. Factor affecting the utilization of grass silage for beef production. In J.F. Frame, ed. Efficient beef production from grass. Occasional symposium of the British grassland society, 22: 129–139. Reading UK.

Stehfest, E., Bouwman, L., van Vuuren, D.P., den Elzen, M.G., Eickhout, B. & Kabat, P. 2009. Climate benefits of changing diet. Climatic change, 95(1–2): 83–102.

Stocker, T.F. 2013. The closing door of climate targets. Science, 339(6117): 280–282.

Tennigkeit, T. & Wilkes, A. 2008. An assessment of the potential for carbon finance in rangelands. Working Paper No. 68. World Agroforestry Centre.

Thornton, P.K. & Herrero, M. 2010. Potential for reduced methane and carbon dioxide emissions from livestock and pasture management in the tropics. Proceedings of the National Academy of Sciences, 107(46): 19667–19672.

Udo, H.M.J., Aklilu, H.A., Phong, L.T., Bosma, R.H., Budisatria, I.G.S., Patil, B.R., Samdup, T. & Bebe, B.O. 2011. Impact of intensification of different types of livestock production in smallholder croplivestock systems. Livestock Science, 139: 22–30.

UNEP. 2012. The emissions gap report 2012. Nairobi.

UNFCCC. 2009a. Annex I Party GHG inventory submissions. (available at http://unfccc.int/national_reports/annex_i_ghg_inventories/nation- al_inventories_submissions/items/4771.php).

UNFCCC. 2009b. Non-Annex I national communications. (available at http://unfccc. int/ national_reports/non-annex_i_natcom/ items/2979.php).

US EPA. 2006. Global mitigation of non-CO_2 greenhouse gases. EPA 430-R-06-005. Washington DC.

VCS. 2013. Verified carbon standard requirements document Version 3.2 (available at http://v-c-s. org/program-documents).

Vellinga, T.V. & Hoving, I.E. 2011. Maize silage for dairy cows: mitigation of methane emissions can be offset by land use change. Nutrient Cycling in Agroecosystems, 89(3), 413–426.

Walli, T.K. 2011. Biological treatment of straws. Successes and failures with animal nutrition practices and technologies in developing countries. Proceedings of the FAO electronic conference, 1-30 September 2010, Rome, Italy.

Whittle, L., Hug, B., White, S., Heyhoe, E., Harle, K., Mamun, E. & Ahammad, H. 2013. Costs and potential of agricultural emissions abatement in Australia. Technical report 13.2. Government of Australia, ABARES.

Wilkes, A., Solymosi, K. & Tennigkeit, T. 2012. Options for support to grassland restoration in the context of climate change mitigation. Freiburg, UNIQUE forestry and land use.

World Bank. 2011. Climate-smart agriculture: increased productivity and food security, enhance resilience and reduced carbon emissions for sustainable development. Washington, DC, USA. World Bank. 2012. Turn down the heat. Why a 4℃ warmer world must be avoided. A report for the World Bank by the Potsdam Institute for Climate Impact Research and Climate Analytics. Washington, DC, USA.

World Bank. 2013. Energy use data. (available at http://data.worldbank.org/indicator/EG.USE. COMM.KT.OE).

Wilson, J.R. & Minson, D.J. 1980. Prospects for improving the digestibility and intake of tropical grasses. Tropical Grasslands, 14(3): 253–259.

You, L., Crespo, S., Guo, Z. Koo, J., Ojo, W., Sebastian, K., Tenorio, T.N., Wood, S. & Wood−Sichra, U. 2010. Spatial production allocation model (SPAM) 2000, version 3. release 2 (available at http://MapSPAM.info).

Zi, X.D. 2003. Reproduction in female yak and opportunities for improvement. Theriogenology, 59(5): 1303–1312.